数据通信技术的研究与应用

薛帮国　著

中国原子能出版社

图书在版编目（CIP）数据

数据通信技术的研究与应用 / 薛帮国著. --北京：
中国原子能出版社，2023.9
ISBN 978-7-5221-3031-6

Ⅰ. ①数⋯　Ⅱ. ①薛⋯　Ⅲ. ①数据通信–通信技术–
研究　Ⅳ. ①TN919

中国国家版本馆 CIP 数据核字（2023）第 192780 号

数据通信技术的研究与应用

出版发行	中国原子能出版社（北京市海淀区阜成路 43 号　100048）
责任编辑	白皎玮
责任印制	赵　明
印　　刷	北京天恒嘉业印刷有限公司
经　　销	全国新华书店
开　　本	787 mm×1092 mm　1/16
印　　张	21.75
字　　数	314 千字
版　　次	2023 年 9 月第 1 版　2023 年 9 月第 1 次印刷
书　　号	ISBN 978-7-5221-3031-6　　　**定　价** **76.00** 元

发行电话：010-68452845　　　　　　　　版权所有　侵权必究

前　言

在信息时代的浪潮中，数据通信技术扮演着连接世界、推动科技发展的重要角色。本书将深入研究数据通信技术的理论、方法和应用，探讨其在推动社会、经济和科技创新方面的重要作用，以及未来发展的前景与挑战。

数据通信技术作为信息技术的重要组成部分，承载了现代社会日益增长的信息流量。从最早的电话线传输到如今的高速无线网络，数据通信技术一直在不断发展，以满足人们对更快速、更稳定、更安全的通信需求。移动互联网、物联网、5G 技术的崛起，都是数据通信技术不断创新的产物，它们为信息的传输提供了更加高效和便捷的途径。

在迎来 5G 时代的同时，人们也对未来数据通信技术提出了更多期待。6G 技术、量子通信等新兴技术的研究和应用，将进一步推动数据通信的发展。然而，随着通信技术的高速发展，也带来了一系列新的挑战，如网络安全问题、隐私保护等。在未来的发展中，不仅需要关注技术的创新，更需要在理论研究和实际应用中找到平衡，确保数据通信技术健康可持续发展。

本书通过对数据通信技术的背景、理论与方法、应用及未来发展进行全面深入的研究，旨在全方位探讨这一领域的最新进展和未来走向。数据通信技术作为连接世界的桥梁，其发展既是科技力量的展现，更是社会进步的引领。在未来的发展中，期待通过更加智能、高效、安全的数据通信技术，为构建更加紧密、便捷、安全的全球信息社会贡献力量。

目 录

第一章　数据通信技术概述 …………………………………………… 1

　　第一节　数据通信技术基础 ……………………………………… 1

　　第二节　数据通信标准与规范 …………………………………… 12

　　第三节　数据通信技术的发展趋势 ……………………………… 23

　　第四节　数据通信技术在各领域的应用 ………………………… 33

第二章　无线数据通信技术 ………………………………………… 43

　　第一节　无线通信基础 …………………………………………… 43

　　第二节　移动通信技术 …………………………………………… 51

　　第三节　物联网与数据通信 ……………………………………… 65

　　第四节　5G 及其未来发展 ……………………………………… 79

　　第五节　无线数据通信安全 ……………………………………… 93

第三章　光纤通信技术 ……………………………………………… 102

　　第一节　光纤通信基础 …………………………………………… 102

　　第二节　光网络与光传输系统 …………………………………… 115

　　第三节　高速光通信与数据中心网络 …………………………… 129

　　第四节　光通信与量子通信融合 ………………………………… 143

　　第五节　光通信在未来的应用 …………………………………… 156

　　第六节　光通信技术的可持续发展 ……………………………… 166

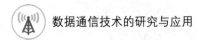

第四章　云计算与数据通信 ································ 179

　　第一节　云计算基础 ································ 179

　　第二节　数据中心与云存储 ························ 193

　　第三节　边缘计算与边缘数据通信 ················ 205

　　第四节　云计算与大数据融合 ···················· 216

　　第五节　云计算的社会与经济影响 ················ 230

第五章　安全与隐私保护技术 ······················ 244

　　第一节　数据通信安全基础 ······················ 244

　　第二节　网络安全与攻防技术 ···················· 259

　　第三节　隐私保护与合规性 ······················ 275

　　第四节　新兴安全技术 ·························· 284

第六章　大数据与数据通信 ························ 296

　　第一节　大数据基础 ···························· 296

　　第二节　数据通信在大数据环境中的应用 ·········· 310

　　第三节　数据伦理与大数据安全 ·················· 325

参考文献 ······································ 339

第一章

数据通信技术概述

第一节　数据通信技术基础

一、信号与系统基础

信号与系统是电子工程、通信工程、控制工程等领域中的重要基础学科，它涉及了从信号的产生、传输到系统的分析和设计的广泛内容。本书将探讨信号与系统的基础知识，包括信号的定义与分类、系统的性质与分类、线性时不变系统、傅里叶变换等方面。

（一）信号的定义与分类

信号是对某一信息的表达，可以是电压、电流、声音等形式。根据信号的性质，可以将信号分为连续信号和离散信号。连续信号是在整个时间范围内都有定义的信号，而离散信号则是只在离散时间点上有定义的信号。

另外，信号还可以根据振幅的变化情况分为有限长和无限长信号，根据周期性分为周期和非周期信号。这些分类对于理解信号的特性和在系统中的传输具有重要意义。

（二）系统的性质与分类

系统是对信号进行处理的装置或运行的规律，其性质包括线性性、时不变性、因果性等。线性系统具有叠加性，即输入信号的线性组合对应于输出信号的线性组合。时不变系统是指系统的性质不随时间变化。因果系统是指系统的输出只依赖于当前和过去的输入，而不依赖于未来的输入。

系统还可以根据输入与输出的关系进行分类，包括时域系统和频域系统。时域系统关注系统在时间域内的响应，而频域系统则关注系统在频率域内的特性。

（三）线性时不变系统

线性时不变系统是信号与系统领域中最为重要的一类系统。其重要性体现在其对各种信号处理和系统分析方法的适用性。线性时不变系统的特性使我们可以通过简单的数学工具，如卷积来描述其行为。

本节将详细讨论线性时不变系统的定义、性质及在实际应用中的重要性。同时，通过实例说明线性时不变系统在通信、控制等领域的应用。

（四）傅里叶变换

傅里叶变换是将信号从时域转换到频域的重要工具。它允许通过频谱分析更好地理解信号的特性。本节将介绍傅里叶变换的定义、性质及其在信号与系统领域的应用。

通过傅里叶变换，可以分析信号的频谱，从而更好地了解信号的频率成分。这对于通信系统中的频谱分配、音频处理中的滤波器设计等都具有重要意义。

未来，随着技术的不断发展，信号与系统领域也将不断演进。新的信号处理方法、系统设计理念将为工程技术带来更多可能性。期待在未来的研究中，能够更好地理解和应用信号与系统的理论，推动相关领域的发展。

二、数据编码与解码

在现代信息社会，数据的传输、存储和处理是各行各业中不可或缺的一部分。数据编码与解码作为信息处理的基础，扮演了至关重要的角色。本书将探讨数据编码与解码的理论基础、常见编码技术及在实际应用中的重要性。

（一）数据编码的基础概念

数据编码是将信息转化为特定格式或规则的过程。在数字通信和计算机系统中，数据通常以二进制形式存在。这一节将介绍数据编码的基础概念，包括二进制表示、编码规则和码字等概念。

1. 二进制表示

二进制是计算机中最基本的编码方式，使用 0 和 1 表示数字。理解二进制表示对于理解计算机如何处理和存储信息至关重要。

2. 编码规则

编码规则定义了如何将信息映射到二进制码。常见的编码规则包括 ASCII（美国信息交换标准代码）、UTF-8（一种可变长度字符编码）等。这些规则使得计算机可以理解和处理不同的字符、符号和控制信息。

3. 码字

码字是编码中的基本单位，它是由编码规则定义的一组二进制位。不同的编码规则将信息映射成不同长度的码字，这直接影响到信息的传输效率和存储空间的利用。

（二）常见的数据编码技术

数据编码技术多种多样，根据应用的不同，选择不同的编码方式。这一节将介绍一些常见的数据编码技术，包括基本的数字编码、霍夫曼编码、循环冗余校验（CRC）等。

1. 数字编码

数字编码是将数字转化为二进制形式的基本技术。它包括整数编码和浮点数编码，用于在计算机中表示各种数值。

2. 霍夫曼编码

霍夫曼编码是一种变长编码技术，通过赋予出现频率高的符号较短的码字，从而实现对信息的高效编码。它在数据压缩领域得到广泛应用，如图像、音频等领域。

3. 循环冗余校验（CRC）

CRC 是一种校验码技术，用于检测数据传输中的错误。它基于多项式除法，通过在数据末尾添加余数来实现错误检测。在通信领域，CRC 常被用于保证数据的完整性。

（三）数据解码的原理与方法

数据解码是数据编码的逆过程，将已编码的数据还原为原始信息。

1. 解码原理

解码原理与编码相反，是通过规定的解码规则将二进制码还原为原始信息。解码过程的准确性直接影响到信息的正确还原。

2. 逆霍夫曼编码

逆霍夫曼编码是将用霍夫曼编码压缩的数据解压缩的过程。它根据霍夫曼树的结构，将二进制码还原为原始数据。

3. CRC 校验

CRC 校验的解码过程主要涉及多项式除法的逆运算，通过余数的计算判断数据是否存在错误，并在有错误时进行纠正。

（四）数据编码与解码在实际应用中的重要性

数据编码与解码在现代信息社会中有着广泛的应用，包括但不限于通信、存储、图像处理、音频处理等领域。

1. 通信领域

在网络通信中，数据编码和解码是确保信息正确传输的基础。通信协议规定了数据的编码方式，而接收端需要能够正确解码以还原原始信息。

2. 存储技术

数据存储中的编码和解码技术直接影响到存储密度和读取速度。各种存储介质都采用不同的编码方式，例如磁盘、固态硬盘等。

3. 多媒体处理

图像、音频、视频等多媒体数据的处理离不开编码与解码技术。常见的图像压缩、音频压缩等算法都基于数据编码与解码原理。

（五）未来发展趋势与展望

随着信息技术的不断发展，数据编码与解码技术也在不断演进。未来的发展趋势可能包括更高效的压缩算法、更安全的编码方式，以及更快速的解码技术。同时，随着人工智能和量子计算等新兴技术的兴起，数据编码与解码领域也将面临新的挑战和机遇。

数据编码与解码是现代信息处理的基础，无论是在计算机科学、通信工程还是多媒体处理领域，都发挥着不可替代的作用。通过深入理解编码与解码原理，能够更好地设计和优化信息系统，提高数据的传输效率、存储密度和安全性。

在未来，随着数据量的不断增长和新技术的涌现，数据编码与解码将继续面临新的挑战。以下是未来可能的发展方向。

1. 高效压缩算法

随着大数据时代的到来，对于高效压缩算法的需求将不断增加。新的压缩算法需要在保证信息质量的前提下，更有效地减小数据体积，以满足高速网络传输和大规模数据存储的需求。

2. 安全编码技术

随着网络攻击的不断升级，数据的安全性成为日益关注的问题。未来的发展可能涉及更加先进的加密和解密技术，以保护数据免受未经授权的访问和篡改。

3. 实时解码技术

随着实时通信和实时处理的需求增加，对于更快速的解码技术提出了新的挑战。实时解码对于视频流、音频流等应用至关重要，未来的发展可能涉及更加高效的实时解码算法。

4. 异构数据处理

未来数据处理的环境将更加多样化，包括传统计算机、物联网设备、移动设备等。因此，未来的数据编码与解码技术需要更好地适应异构环境，实现不同设备之间的高效交互与通信。

5. 量子编码与解码

随着量子计算技术的不断发展，量子编码与解码成为一个备受关注的领域。量子编码有望在未来提供更高级别的安全性和计算效率，推动整个数据编码与解码领域向前迈进。

数据编码与解码是信息技术领域中至关重要的基础，其发展一直伴随着计算机科学和通信工程的进步。深入了解数据编码与解码的理论基础和实际应用，有助于我们更好地理解信息处理的本质，并为未来的技术发展奠定基础。

在不断迈入新的技术时代的同时，我们期待着数据编码与解码技术在更广泛的领域发挥更为深远的作用。通过持续的研究和创新，我们有望见证这一领域的更多突破，为信息社会的可持续发展做出更大的贡献。

三、传输介质与信道特性

在现代通信系统中，传输介质与信道特性是决定信息传输质量的关键因素。本书将讨论传输介质的类型、信道特性的基本概念及它们在通信领域中的应用。

（一）传输介质的类型

传输介质是信息在通信系统中传送的媒介，其性质直接影响到信号的传输质量。常见的传输介质包括有线介质和无线介质。

1. 有线介质

同轴电缆：同轴电缆是一种常见的有线传输介质，其内部包含一根导体，被绝缘材料和外层导体包围。它广泛应用于有线电视、局域网等领域。

双绞线：双绞线包括两根绝缘的导线，它们以一定的方式绞合在一起。双绞线主要用于电话线路和以太网等数据通信。

2. 无线介质

电磁波：通过无线电波传播信息是无线通信的基础。这种传输介质广泛应用于移动通信、卫星通信等领域。

红外线：在红外通信中，信息通过红外光波传播。红外线通信在遥控器和短距离通信中得到广泛应用。

（二）信道特性的基本概念

信道是信息在传输过程中的路径，信道特性是描述这一路径影响的属性。理解信道特性对于设计适应性强的通信系统至关重要。

1. 信道传输损耗

传输介质对信号会引起信号强度的损耗，这是由于电阻、散射等因素导致的。了解和补偿传输损耗是通信系统设计的重要考虑因素。

2. 信道噪声

信道中存在多种噪声，包括热噪声、散射噪声等。这些噪声会干扰信号，影响通信的可靠性。通信系统需要采用各种技术来抵抗和降低噪声的影响。

3. 信道衰落

信道衰落是信号强度随着传输距离或时间而减小的现象。这可能由于自由空间路径损耗、多径传播等原因引起。理解信道衰落有助于优化信号的传输和接收。

4. 多径传播

多径传播是信号经过不同路径到达接收端，形成多个到达时间不同的信号。这会导致信号的叠加和干扰，需要通过均衡技术等手段来解决。

5. 时延与带宽

时延是信号从发送到接收所需的时间，而带宽是信道能够传输的频率范围。理解时延和带宽有助于合理规划通信系统的传输速率和时效性。

（三）信道建模与分析

为了更好地理解和设计通信系统，工程师们通常会对信道进行建模与分析。这涉及到数学工具和模型，如传输线模型、香农定理等。

1. 传输线模型

传输线模型用于描述有线介质中信号的传播。这可以通过电路方程和传输线方程来建模，帮助理解信号在导线中的传输行为。

2. 香农定理

香农定理是信息论中的基本理论，它表明在存在噪声的信道中，存在一种极限编码方式，使得信息传输达到最大可靠性。这对于通信系统的设计提供了理论依据。

（四）信道编码与纠错技术

为了提高通信系统的可靠性，信道编码与纠错技术成为不可或缺的一部分。这些技术通过在发送端添加冗余信息，以及在接收端对错误进行纠正，提高了系统对信道噪声和干扰的抵抗能力。

1. 奇偶校验

奇偶校验是最简单的纠错技术之一，通过在数据中添加一个奇偶位，使得整个数据的位数为奇数或偶数。接收端可以通过检查奇偶位的正确性来检测和纠正错误。

2. 海明码

海明码是一种广泛应用的纠错码，通过在数据中添加冗余信息，可以检测和纠正多位错误。它在存储介质和通信系统中得到了广泛的应用。

3. 自动重传请求（ARQ）

ARQ 是一种通过在检测到错误时请求重发数据的策略。在通信中，当接收方检测到数据包错误时，会向发送方发送请求，要求重新发送该数据包。这一过程可通过各种协议和算法实现，如停止—等待协议、选择性重传协议等。

4. 编码与解码技术

利用更先进的编码和解码技术，如 Turbo 码、LDPC 码等，可以在传输中更有效地纠正错误。这些技术通常被应用于高速通信和卫星通信等领域，以提高通信系统的可靠性。

（五）实际应用与案例分析

在实际应用中，传输介质与信道特性的选择与设计关系到整个通信系统的性能。以下是一些实际应用和案例分析。

1. 移动通信

在移动通信中，无线传输介质起着至关重要的作用。由于移动性和多径效应，设计先进的信道编码和解码技术对于确保通信的质量至关重要。LTE 和 5G 等移动通信标准使用了复杂的信道编码和多天线技术，以提高传输效率和可靠性。

2. 光纤通信

光纤通信采用光纤作为传输介质，其信道特性受到光纤的衰减和色散等因素的影响。通过使用调制技术和光放大器等手段，可以有效地克服光纤通信中的信道特性，实现高速、长距离的信息传输。

3. 无线局域网（WLAN）

WLAN 使用无线传输介质，受到无线信道特性的影响。通信系统使用各种调制技术、多天线技术和信道编码，以提高在无线环境中的通信性能。IEEE 802.11 系列标准定义了无线局域网的通信协议，其中包括对信道编码和纠错技术的规定。

4. 卫星通信

卫星通信利用卫星作为中继器，信号在空间中传播。这种通信方式涉及长距离传输和大范围覆盖，需要克服大气衰减、时延和多径传播等信道特性。通过使用调制解调技术、信道编码和自适应调制等技术，卫星通信系统可以在复杂的信道环境中提供可靠的通信服务。

（六）未来发展趋势与展望

1. 5G 与 6G 技术

随着 5G 技术的商用推广，未来将迎来更高级别的通信技术，如 6G。这将涉及更高的频谱、更快的传输速率和更智能的通信系统，对传输介质和信道特性提出更高的要求。

2. 新型传输介质

在未来，可能会涌现出新型的传输介质，如量子通信中的量子纠缠传输。这将带来更安全、更快速的通信方式，但也会面临技术和工程上的挑战。

3. 智能信道管理

利用人工智能和机器学习技术，未来通信系统可能会实现更智能的信道管理。通过实时调整信道编码、调制方式和传输功率，系统可以更好地适应不断变化的信道环境。

4. 异构网络的融合

未来通信系统可能更多地涉及到异构网络的融合，包括蜂窝网络、卫星通信、光纤通信等多种技术的协同工作。这将提高整体通信系统的鲁棒性和适应性。

传输介质与信道特性是通信系统中至关重要的组成部分，直接影响着通信质量和系统性能。深入了解不同传输介质的特性和对应的信道特性，以及对应信道特性的编码和纠错技术，对于设计和优化高效、可靠的通信系统至关重要。随着技术的不断发展，有望见证通信系统在未来的进一步发展，迎接更多挑战，创造更多机遇。

第二节 数据通信标准与规范

一、国际标准与协议

在当今高度互联的信息时代，国际标准与协议扮演着重要的角色，成为连接全球信息网络的桥梁。本书将探讨国际标准与协议的概念、作用，以及它们在不同领域的应用，特别是在互联网、通信、贸易等方面的重要性。

（一）国际标准的概念与作用

1. 国际标准的定义

国际标准是由国际标准化组织（ISO）或其他国际标准组织制定的，经国际社会广泛认可和接受的标准。这些标准涵盖了各种领域，包括技术、贸易、服务等。

2. 标准的作用

促进互操作性：国际标准确保不同制造商和服务提供商的产品和服务能够相互兼容和相互操作。这对于推动技术发展、促进信息共享至关重要。

降低成本：通过使用国际标准，企业可以减少产品研发和生产成本。标准化的过程使得各方能够更高效地合作，避免重复劳动和资源浪费。

提高质量：标准通常包含了最佳实践和质量要求，有助于提高产品和服务的质量。这有助于确保用户的期望得到满足，同时提高企业的声誉。

促进贸易：在国际贸易中，采用相同的标准有助于消除技术壁垒，提高贸易效率，促进全球贸易的发展。

（二）国际标准化组织

1. ISO 简介

国际标准化组织（ISO）是一个全球性的标准制定组织，成立于1947年，总部位于瑞士，目前有 164 个成员国。ISO 的使命是通过国际标准促进全球贸易和创新，为社会提供技术和经济的便利。

2. ISO 标准制定过程

ISO 标准制定过程经过多个阶段，包括提案、前期调查、标准起草、正式调查、发布等。制定标准的过程涉及来自各个成员国的专业人士的积极参与，确保标准的全球性和科学性。

（三）国际协议的概念与应用

1. 国际协议的定义

国际协议是国家、组织或个人之间为了共同达成一定目标而达成的书面协定。这些协议可以涉及政治、经济、科技、文化等多个领域，是国际合作的法律依据。

2. 国际协议的种类

双边协议：两个国家之间达成的协议，旨在解决双方的共同关切。

多边协议：三个或三个以上的国家之间达成的协议，涉及更广泛的合作领域，如气候变化协定、贸易协定等。

行业协议：不同国家的行业组织之间达成的协议，旨在促进国际行业间的协作。

3. 国际协议的应用领域

环境保护：国际环保协议，如《巴黎协定》旨在应对全球气候变化，要求各国采取行动减少温室气体排放。

贸易与经济：国际贸易组织（WTO）的成员国通过协议规定贸易规则，促进全球贸易的发展。

人权与法治：国际人权法和国际人道法涉及国家之间达成的协议，保障人类基本权利。

科技与创新：各国科研机构之间通过合作协议共享科技成果，推动科技创新。

（四）标准与协议在通信领域的应用

1. 通信协议

通信协议是在计算机网络中，为了确保不同系统之间的数据交换而达成的一种约定。例如，互联网使用的 TCP/IP 协议是全球范围内通用的网络协议，确保了全球互联的顺畅运作。

2. 通信标准

通信标准在移动通信、无线局域网、卫星通信等领域起着重要作用。例如，移动通信中的 GSM（全球系统移动通信）和 LTE（长期演进）是全球通信标准，确保了不同厂商的设备和网络可以相互兼容，实现全球范围内的移动通信。

3. 互联网协议

互联网协议（IP）是在互联网上实现数据传输的关键协议。IPv4 和 IPv6 是两个主要的 IP 协议，它们定义了在互联网上唯一标识设备和实现数据包路由的方式。这种协议的全球标准化促进了全球范围内的互联网连接。

（五）标准与协议在国际贸易中的作用

1. 贸易标准

国际贸易中的贸易标准涉及产品质量、安全、环境友好等方面。例如，ISO 9001 是质量管理体系的国际标准，它有助于确保企业的产品和服务符合全球标准，从而提高了产品的市场竞争力。

2. 贸易协定

国际贸易协定是各国为促进贸易而达成的协议。例如，世界贸易组织下的《关于技术贸易的协定》旨在消除技术性贸易壁垒，使得技术产品在全球范围内更容易流通。

3. 电子商务协议

随着电子商务的发展，涉及在线支付、数字签名、电子合同等方面的标准和协议变得至关重要。这有助于确保在线交易的安全性和可靠性。

（六）国际标准与协议在科技创新中的作用

1. 科技创新标准

在科技领域，标准起到规范和引领创新的作用。例如，制定人工智能领域的伦理和隐私标准，有助于确保人工智能技术的可持续发展和社会接受度。

2. 科研合作协议

跨国科研项目通常需要各国研究机构之间的合作协议。这些协议规定了合作目标、资源分配、研究方向等，有助于促进全球范围内的科技创新。

3. 开放标准和开源协议

开放标准和开源协议在推动科技创新中发挥了巨大作用。开放标准促进了互操作性，而开源协议为开发者提供了自由使用、修改和分享代码的权利，推动了软件和技术的创新。

（七）未来发展趋势与展望

1. 新技术标准

随着新技术的不断涌现，未来将需要制定新的国际标准来规范这些技术。例如，人工智能、区块链、量子技术等领域的标准制定将成为未来的重要方向。

2. 跨界合作

未来国际标准和协议将更加关注跨领域和跨行业的合作。这种跨界合作有助于推动全球经济的创新和可持续发展。

3. 强调可持续发展

随着全球对可持续发展的日益关注，未来的国际标准和协议将更加强调环保、社会责任和经济可行性。这将推动企业在全球范围内更加注重可持续经营。

（八）国际标准与协议的挑战及机遇

国际标准与协议作为推动全球互联的桥梁，对于促进技术发展、扩大国际贸易、推动科技创新等方面发挥着不可替代的作用。在不同领域，国际标准化组织和各国通过协商达成的国际协议，为全球合作提供了共同的语言和规范。在未来，国际标准与协议将继续发挥重要作用，并面临一系列新的挑战和机遇。

1. 挑战

（1）技术快速演进

技术的快速发展带来了新的标准制定和协议达成的挑战。在新兴技术领域，制定标准的速度需要赶上技术创新的步伐，以确保全球范围内的协同发展。

（2）产业融合

产业融合使得原本独立的领域变得交叉复杂，需要更多的跨界标准和协议。此外，各国在产业布局上的差异也给标准制定带来了一定的难度。

（3）安全与隐私问题

随着数字化的深入，安全和隐私问题愈发凸显。制定国际标准和协议时，需要充分考虑网络安全、数据隐私等方面，以维护全球信息系统的稳定和可信度。

2. 机遇

（1）全球协同创新

国际标准和协议为全球协同创新提供了平台。通过共同遵循标准和协议，各国和各行业可以更加有效地合作，推动前沿技术的共同发展。

（2）可持续发展目标

国际标准和协议将更加注重可持续发展目标的实现。通过制定与可持续发展相关的标准，推动全球范围内的经济、社会和环境的协同发展。

（3）社会共识的形成

国际标准和协议的制定过程通常包括来自各国的专业人士和公众的参与。这有助于形成更广泛的社会共识，推动标准和协议的实施和遵守。

国际标准与协议作为连接全球的纽带，不仅在技术领域推动了全球互联，也在贸易、科技创新、可持续发展等方面发挥着关键作用。通过国际标准化组织和国际协议的不懈努力，我们看到了各个领域的全球性合作取得的巨大成果。然而，面对未来的挑战，国际社会需要更加紧密的合作，不断创新制定适应时代需求的国际标准和协议。这将有助于构建更加开放、协同、可持续的国际体系，推动人类社会朝着共同繁荣的方向迈进。在全球化的时代，国际标准与协议将继续为我们搭建桥梁，连接不同国家、不同文化和不同产业，推动人类社会朝着更加联通和融合的未来前进。

二、安全与隐私规范

在数字化飞速发展的今天，个人隐私和信息安全成为社会关注的焦点。安全与隐私规范的制定和实施至关重要，它不仅关乎个体权益，也影响整个社会的信任和发展。本书将讨论安全与隐私规范的概念、重要性，以及在不同领域的应用和发展趋势。

（一）安全与隐私规范的概念

1. 安全规范

安全规范是为了保护系统、组织或个体免受潜在威胁和风险的制度性文件。这些规范通常包括技术、管理和操作方面的准则，以确保系统和信息的完整性、可用性和保密性。

2. 隐私规范

隐私规范是为了保护个体的隐私权而制定的规则和准则。这些规范规定了个体信息的收集、存储、处理和分享的方式，以确保这些活动不侵犯个体的隐私权。

（二）安全与隐私的重要性

1. 信息社会的挑战

随着数字技术的广泛应用，个人和组织的信息变得更加容易获取和传播。这种信息社会的发展带来了隐私泄露和安全威胁的风险，使得安全与隐私变得尤为重要。

2. 个体权益保护

安全与隐私规范的制定是为了保护个体的基本权益。每个人都有权保护个人信息，以及在数字环境中不受到恶意行为的威胁。

3. 组织信任和声誉

组织在数字时代的信任和声誉与其对安全与隐私的处理密不可分。合规的安全与隐私规范有助于建立组织的信任，提升其在市场中的声誉。

4. 创新和可持续发展

安全与隐私规范的健全有助于数字创新的可持续发展。只有在个人和组织感到信息安全和隐私得到有效保障的前提下，他们才会更加愿意采用新技术和服务。

（三）安全与隐私规范在不同领域的应用

1. 信息技术领域

网络安全标准：国际上广泛采用的网络安全标准包括 ISO/IEC 27001，它规定了信息安全管理体系的要求。此外，NIST（美国国家标准与技术研究院）制定的网络安全框架为组织提供了评估和提高网络安全水平的指导。

密码学标准：为了确保数据传输和存储的安全性，存在许多密码学标准，例如 AES（高级加密标准）和 TLS（传输层安全协议），它们在数据加密和安全通信中发挥着重要作用。

2. 金融行业

支付安全标准：PCI DSS（支付卡行业数据安全标准）是为保护信用卡交易而设立的标准。该标准规定了组织如何存储、处理和传输信用卡信息，以减少支付系统中的潜在风险。

金融数据隐私法规：金融行业受到严格的隐私法规监管，如 GDPR（通用数据保护条例）和 GLBA（格拉姆—利奇—布莱利法案），这些法规规定了个人金融信息的合法收集和使用方式。

3. 医疗健康领域

医疗数据隐私法规：HIPAA（美国健康保险可移植性与责任法案）规定了医疗信息的隐私和安全要求，确保患者的医疗信息得到妥善处理。

医疗设备安全标准：医疗设备需要符合一系列安全标准，如 IEC 60601 系列，以确保其在使用过程中对患者的安全没有风险。

4. 智能城市与物联网

智能城市数据隐私：在智能城市中，大量的传感器和数据收集系统需要遵守数据隐私规范，以保护居民的隐私。

智能城市数据隐私：在智能城市中，大量的传感器和数据收集系统需要遵守数据隐私规范，以保护居民的隐私。

物联网设备安全标准：物联网设备通常需要符合相关的安全标准，以防范恶意攻击和滥用。例如 IoT 安全联盟提供了一系列关于物联网设备安全性的指南和标准。

5. 教育领域

学生数据隐私法规：针对学生的个人信息，如 FERPA（《美国家庭教育权益与隐私法案》）规定了学校如何处理和保护学生的个人信息。

教育科技安全标准：针对在教育科技中使用的软件和平台，制定了一系列的安全标准，以确保学生和教育机构的信息安全。

（四）未来发展趋势与展望

1. 强化个体数据控制权

随着人们对隐私关注的增加，未来的安全与隐私规范可能会更加强调个体对自己数据的控制权。技术创新，如去中心化身份验证和区块链技术，可能会被用于强化个体对数据的所有权和控制。

2. 跨境数据流动规范

随着数字化全球经济的蓬勃发展，跨境数据流动将变得更为频繁。未来的安全与隐私规范可能需要更好地解决跨境数据传输和合规性的问题，以促进全球贸易和合作。

3. 强化技术安全标准

随着技术的发展，未来的安全规范可能会更加强调新兴技术领域的安全标准，如人工智能、量子计算等。这将有助于确保新技术的可持续发展和安全应用。

4. 加强法规合规性

随着对隐私和信息安全的法规要求的提高，未来的规范将更加强调法规合规性。组织和企业需要积极适应新的法规要求，确保其业务的合法性和可持续性。

安全与隐私规范在数字时代是构建数字社会的基石。它们不仅关系到个体权益和组织声誉，也影响到整个社会的信任和可持续发展。通过建立健全安全与隐私规范，可以更好地应对数字社会中的各种风险和挑战。未来，期待看到更加创新和适应性的规范，以推动数字社会的健康发展，实现科技和人类社会的共同繁荣。

三、数据通信法规与政策

在数字化时代，数据通信扮演着连接人们、推动科技创新、促进经济繁荣的关键角色。为了维护数字社会的秩序、保护个人隐私和数据安全，各国都纷纷制定了一系列数据通信法规与政策。本书将探讨数据通信法规与政策的重要性、法规的体系、监管与管理机制、安全与隐私保护，以及未来发展方向与挑战。

1. 数据通信的定义与重要性

数据通信是指通过各种通信网络传输信息的过程，包括传统的电信网络、互联网、移动通信网络等。在当今社会，数据通信已成为信息社会的基石，支撑着各行各业的运作。它推动了全球化、促进了科技创新，是现代社会发展不可或缺的组成部分。

2. 国家数据通信法规体系

在中国，数据通信法规的体系主要包括《中华人民共和国电信法》《中华人民共和国电信条例》等。这些法规为电信运营商、互联网服务提供商等相关主体提供了明确的法律规范。此外，网络安全法、个人信息保护法等相关法规也涉及到数据通信领域，形成了一个较为完善的法律框架。

3. 数据通信的监管与管理

为了确保数据通信的有序发展，国家建立了一套完善的监管与管理机制。通信管理部门负责对电信运营商、互联网服务提供商等进行监管，包括市场准入、业务规范等方面。网络信息办公室则负责对网络信息进行管理，包括网络安全审查、打击网络犯罪等。这些机构形成了协同合作的体系，保障了数据通信的合法性和规范性。

4. 数据通信中的安全与隐私保护

随着数据通信的普及，数据安全与隐私保护成为社会关切的问题。为此，国家制定了一系列措施，包括网络安全法的实施、建立网络安全评估制度、加强对个人信息的保护等。这些举措旨在平衡数据通信的便利性和安全性，保障公民的隐私权益。

5. 未来发展方向与挑战

在科技不断发展的背景下，数据通信领域也面临着新的挑战。人工智能、大数据等新兴技术的应用给数据通信带来了新的机遇，但也伴随着隐私泄露、数据滥用等问题。此外，跨境数据流动、网络犯罪等也是亟待解决的难题。未来，国家需要进一步调整法规与政策，适应科技发展的新变化，加强国际合作，共同应对全球性挑战。

数据通信法规与政策的制定不仅是对数字社会运行秩序的保障，也是对个人权益的重要保护。国家通过建立健全法律框架、强化监管与管理、加强安全与隐私保护，为数据通信提供了可持续、有序的发展环境。在未来，应不断完善法规，平衡科技创新与社会稳定的关系，共同推动数据通信行业的健康发展。

第三节　数据通信技术的发展趋势

一、5G 及其影响

第五代移动通信技术（5G）的发展标志着通信领域的一次巨大飞跃。5G 不仅是一项技术升级，更是对社会、经济和科技各个领域的深刻影响。本书将探讨 5G 技术的背景、关键特性、应用领域，并分析其对通信、工业、医疗、智能交通等方面所带来的深远影响。

（一）5G 技术的背景与关键特性

1. 背景

随着物联网、人工智能、大数据等新技术的快速发展，对更高数据速率、更低时延、更大连接数的需求逐渐凸显。为了满足这些需求，5G 技术应运而生，成为连接未来的关键技术。

2. 关键特性

5G 技术具有三个主要特性：高速率、低时延和大连接数。高速率意味着更快的下载和上传速度，低时延使得实时应用得以实现，大连接数则支持物联网时代的海量设备连接。

（二）5G 的应用领域

1. 通信领域

在通信领域，5G 不仅提供更快的移动互联网速度，还支持大规模物联网设备的连接，为智能城市、智能家居等应用创造了更加丰富的场景。此外，5G 还将为虚拟现实（VR）和增强现实（AR）等技术的普及提供更强有力的支持。

2. 工业领域

5G 技术在工业领域的应用被认为是一个革命性的变革。通过提供低时延和高可靠性的通信，5G 使得工业自动化得以更高效实现。智能制造、远程操作、工业物联网等概念正在通过 5G 技术变为现实，为工业生产带来了更大的灵活性和智能化水平。

3. 医疗领域

在医疗领域，5G 的低时延和高可靠性使得远程手术、远程医疗诊断成为可能。医疗设备的互联互通也为患者提供了更加便捷的医疗服务，提高了医疗体系的效率。

4. 智能交通

5G 技术将智能交通推向新的高度。车辆之间和车辆与基础设施之间的实时通信使得智能交通系统更加智能、安全和高效。自动驾驶技术的发展也离不开 5G 技术的支持。

（三）5G 的影响

1. 经济影响

5G 技术的推广将带动相关产业链的发展，创造大量就业机会。新兴行业的崛起，如智能制造、物联网服务商，将成为经济增长的新引擎。

2. 社会影响

5G 技术将加速信息的传播，改变人们的生活方式。智能家居、智能城市的建设，以及医疗、教育等领域的创新应用，将使得社会更加数字化、智能化。

3. 科技创新

5G 技术的不断推进将催生新一轮的科技创新。从应用层面来看，5G 将与人工智能、大数据、区块链等前沿技术深度融合，推动科技的跨界创新。

4. 安全与隐私问题

随着 5G 技术的广泛应用，相关的安全与隐私问题也备受关注。大规模的物联网设备连接，数据的高速传输，都需要更加严密的安全防护措施，以保护个人隐私和网络安全。

（四）5G 发展的挑战

1. 基础设施建设

5G 的全面应用需要大规模的基础设施建设，包括基站、光纤等。这一建设需要庞大的资金投入和时间积累。

2. 标准化和频谱分配

在全球范围内，5G 标准的制定和频谱的合理分配是一个巨大的挑战。不同国家、地区的标准和频谱政策可能存在差异，需要进行国际合作和协商。

3. 安全与隐私

随着 5G 技术的广泛应用，相关的安全与隐私问题也将逐渐暴露。网络攻击、隐私泄露等问题需要制定更为严格的法规和政策来加以规范和解决。

（五）未来展望

未来，5G 技术将继续深入影响我们的生活。从更高速的移动互联网到智能城市的建设，从工业智能化到医疗、教育的创新应用，5G 技术将在各个领域展现更为广泛和深远的影响。以下是未来展望的几个方面。

1. 智能城市的发展

随着 5G 技术的普及，智能城市的建设将更加深入。城市基础设施的智能化、交通系统的升级、能源管理的优化，都将通过 5G 技术实现。这将提高城市的运行效率，改善居民生活质量。

2. 工业 4.0 的推动

在工业领域，5G 技术将为工业 4.0 的实现提供有力支持。通过实时数据传输、智能设备的连接，工厂生产将更加灵活高效。智能制造、自动化生产线等将成为常态，推动工业生产方式的革新。

3. 医疗与健康的变革

在医疗领域，5G 技术将推动远程医疗、智能医疗设备的广泛应用。通过低时延的传输，医生可以进行远程手术操作，实现全球范围内医疗资源的共享。患者也能够通过智能医疗设备实现远程监测，提高医疗服务的质量和效率。

4. 教育的数字化转型

在教育领域，5G 技术将推动教育的数字化转型。通过高速网络的支持，教学内容可以更加丰富多样，实现远程教育、虚拟实境教学等方式。学生可以通过互联网获取更多资源，实现个性化学习。

5. 新兴科技的崛起

5G 技术将与其他新兴科技深度融合，如人工智能、大数据、物联网等。这种融合将催生更多创新应用，例如智能交通系统中的自动驾驶、智能家居中的人工智能助手等。这将引领科技领域的新一轮变革。

5G 技术的发展不仅是通信技术的进步，更是数字社会发展的引擎。它将重新定义人与人、人与物的连接方式，推动社会各个领域的创新和变革。然而，随着这一技术的快速发展，我们也要注意其潜在的挑战，如安全隐患、社会不平等问题。在迎接 5G 时代的同时，需要制定更为完善的法规与政策，确保其健康、可持续的发展。5G 不仅是一项技术，更是连接未来的纽带，为我们构建更加智能、便利、高效的社会提供了新的可能性。

二、物联网与数据通信

随着信息技术的不断进步，物联网（IoT）已经成为数字时代的一大亮点。物联网通过将传感器、设备和系统连接到互联网，实现了物理世界与数字世界的深度融合。这一技术的崛起对数据通信产生了深远的影响，本书将探讨物联网的背景、核心特点、应用领域，以及其与数据通信之间的紧密关系。

（一）物联网的背景与定义

1. 背景

物联网起源于对信息的渴望，即通过互联网连接各种设备，实现设备之间的信息共享和智能化管理。其核心理念是将日常生活中的各种物理设备通过互联网连接起来，形成一个庞大的、相互关联的网络。

2. 定义

物联网是指通过互联网技术，将各种感知设备（传感器、执行器等）与物理对象连接，使其能够互相通信、收集和交换数据，最终实现对物体的感知、控制和信息化管理的一种技术体系。

（二）物联网的核心特点

1. 智能化

物联网通过感知设备对环境进行实时感知，并通过数据分析和处理实现智能化决策。这种智能化使得物体能够更加适应环境变化，提高生产和生活效率。

2. 互联互通

物联网通过互联网技术实现了设备之间的高度互联互通。不同设备、不同系统之间能够实现数据的无缝传输和共享，形成一个庞大的网络。

3. 实时性

物联网对数据通信的要求包括实时性。许多应用场景，如工业自动化、智能交通等，需要实时传输和处理数据，以确保系统的稳定和准确性。

4. 大规模连接

物联网涉及大量的设备和传感器，因此对于数据通信的要求包括支持大规模设备的连接，确保网络的稳定性和高效性。

（三）物联网的应用领域

1. 智能家居

物联网使得家庭中的设备，如灯管、空调、摄像头等能够互相连接，实现远程控制和智能化管理。智能家居通过物联网技术提高了生活的舒适度和便利性。

2. 智能城市

在智能城市中，物联网技术可被用于城市基础设施的监测和管理，如交通系统、能源系统、环境监测等。通过实时数据的收集和分析，城市能够更加高效地运行。

3. 工业互联网

物联网在工业领域的应用被称为工业互联网。通过将工厂中的设备连接起来，实现设备之间的协同工作和数据共享，提高了生产效率和质量。

4. 智能交通

物联网在交通领域的应用包括智能交通灯、车辆追踪系统、智能停车等。这些应用通过实时数据的传输和分析，提高了交通系统的效率和安全性。

（四）物联网与数据通信的关系

1. 数据通信的基础

物联网的核心是通过互联网技术实现设备之间的连接，而这种连接离不开数据通信。数据通信是物联网实现感知、传输和决策的基础，通过数据通信，各种设备能够实现信息的互相传递。

2. 传感器数据的采集与传输

在物联网中，大量的传感器用于采集环境信息。这些传感器通过数据通信将采集到的数据传输到中央服务器或其他设备，进行进一步的处理和分析。

3. 设备之间的协同工作

物联网的应用场景通常涉及多个设备之间的协同工作。这就要求这些设备能够实时地传输和接收数据，以确保协同工作的高效性。

4. 云计算与大数据分析

物联网产生的数据规模巨大，需要借助云计算和大数据分析技术进行处理。数据通信是将产生的大量数据传输到云端进行存储和分析的关键环节。

（五）物联网的发展趋势与挑战

1. 发展趋势

未来，物联网有望在以下几个方面取得更大的进展。

边缘计算的兴起：为了降低数据传输时延，边缘计算将在物联网中得到更广泛的应用，使得部分数据在设备端进行处理，减轻云端负担。

5G 技术的应用：5G 技术的大规模商用将进一步提高数据通信的速度和可靠性，促进物联网在更多领域的应用，包括智能交通、智能制造等。

人工智能的融合：物联网数据的结合人工智能技术，将使得系统能够更加智能地理解和应对环境。机器学习算法的应用可以让物联网设备更好地适应变化和学习用户的习惯。

安全性和隐私保护：随着物联网规模的扩大，安全性和隐私保护问题变得更为突出。未来的发展趋势将更加注重物联网系统的安全设计和隐私保护机制，确保用户的信息不被滥用。

2. 挑战与问题

尽管物联网带来了巨大的发展机遇，但也面临着一系列挑战。

标准化问题：目前，物联网涉及的设备、协议、通信方式等方面存在着标准化的问题。各种异构设备的互通性、数据格式的一致性等需要进一步地标准化。

网络安全问题：随着物联网的发展，网络攻击的威胁也在不断增加。由于大量设备的互联，一旦系统中某一环节受到攻击，可能引发严重的后果。因此，物联网需要加强网络安全措施。

大数据管理：物联网产生的数据规模庞大，如何有效地管理和处理这些数据是一个挑战。云计算、边缘计算等技术可以一定程度上缓解这一问题，但仍需要更多的创新来处理大规模、高频率的数据。

隐私问题：物联网中涉及大量的个人数据，包括生活习惯、健康状况等。如何在实现数据通信的同时保护用户的隐私成为一个重要的问题，需要在技术和法规层面寻找平衡点。

（六）未来展望

未来，物联网将在各个领域不断创新，与数据通信相互融合，共同推动数字社会的发展。以下是未来物联网的一些展望。

1. 智能城市的全面建设

随着物联网技术的不断成熟，智能城市将在更多的方面得到应用，包括城市规划、交通管理、环境监测等。通过物联网技术，城市将变得更加智能、高效、宜居。

2. 工业互联网的加速发展

工业互联网将进一步深化，实现更高水平的智能化生产。制造业将充分利用物联网技术，实现设备之间的智能协同和高效运行，推动工业生产的革新。

3. 健康医疗的变革

物联网在健康医疗领域的应用将更加广泛，包括远程医疗、智能医疗设备的推广等。这将使得医疗服务更加普惠、高效，提升医疗水平。

4. 生活方式的全面智能化

智能家居、智能交通、智能穿戴等将更加深入人们的日常生活，使得生活方式更加智能化、便捷化。人们将享受到更多由物联网带来的便利。

物联网与数据通信的结合，将推动数字社会向前发展。通过将各种设备连接到互联网，实现设备之间的信息交流，物联网打破了传统信息流的界限，使得信息的流动更加灵活、全面。然而，面对日益增长的挑战，包括安全性、隐私保护等问题，需要各界共同努力，以确保物联网在连接万物的同时，能够实现更加智能、安全、可持续的发展。未来，物联网将继续成为数字时代的引擎，为社会各个领域带来更多的创新和可能性。

三、人工智能与数据通信

在当今数字化时代，人工智能（AI）和数据通信两者的融合已经成为推动科技进步和社会发展的关键因素之一。人工智能作为一种模拟人类智能的技术，通过模型学习和数据处理实现了许多令人瞩目的成就。而数据通信则是信息社会的基石，为信息交流提供了无限可能。本书将探讨人工智能与数据通信的融合对各个领域的影响，以及这一融合为未来科技发展带来的挑战和机遇。

（一）人工智能在数据通信中的应用

智能网络管理：人工智能可以应用于网络管理，通过实时监测和分析网络流量，预测网络故障，并提供智能化的解决方案，从而提高网络的稳定性和效率。

智能数据分析：在海量数据的背景下，人工智能能够帮助人类进行更精准的数据分析，发现隐藏在数据背后的模式和规律，为决策提供更有力的支持。

智能通信设备：人工智能技术使得通信设备能够更好地适应环境和用户需求，实现自适应和自优化，提高通信质量和用户体验。

（二）数据通信对人工智能的推动

大数据驱动的人工智能：大数据是人工智能发展的基础，而数据通信为大数据的传输和共享提供了必要的基础设施，为人工智能算法提供了充分的训练数据。

实时通信对人工智能决策的支持：在需要实时决策的场景下，数据通信的低延迟和高带宽为人工智能系统提供了及时的信息，使得系统能够更加灵活地做出决策。

（三）挑战与机遇

数据隐私与安全：随着人工智能在数据通信中的应用增多，数据隐私和安全面临更大的挑战。如何在保证通信效率的同时保护用户数据的隐私成为一个亟待解决的问题。

技术标准与规范：人工智能和数据通信的结合需要更加明确的技术标准和规范，以确保不同系统和设备之间的兼容性和协同工作。

人才培养：融合人工智能和数据通信的发展对于跨学科人才的需求增加，需要培养具备深厚技术背景和跨领域思维能力的专业人才。

人工智能与数据通信的融合是推动科技进步和社会发展的关键动力之一。在这一趋势下，各个领域都将迎来更多创新和变革。然而，这一融合也带来了诸多挑战，需要社会、产业界和学术界的共同努力来解决。通过持续的创新和合作，人工智能与数据通信的融合将为未来科技发展带来更广阔的前景。

第四节　数据通信技术在各领域的应用

一、通信网络与互联网

通信网络与互联网是当今社会中不可或缺的重要组成部分，它们已经深刻地改变了人们的生活方式、工作方式和信息传递的方式。本书将从通信网络与互联网的定义、发展历程、结构与技术、应用领域、未来趋势等多个方面进行详细探讨，以全面了解它们在现代社会中的重要性与影响。

（一）通信网络与互联网的定义

通信网络是指连接不同位置的设备和系统，以实现信息传递和资源共享的系统。它可以涵盖各种传输媒介，包括有线和无线的，以及各种不同的通信协议。通信网络的出现使得信息能够在全球范围内快速、可靠地传递。

互联网是一个全球性的网络结构，它连接了世界上的数十亿台设备，包括个人计算机、智能手机、服务器等。互联网的本质是通过标准化的协议来实现各种设备之间的信息交换，从而形成一个庞大而复杂的网络。

（二）通信网络与互联网的发展历程

通信网络的发展可以追溯到人类最早的通信手段，如烟火、旗语等。随着电信技术的发展，有线通信网络逐渐崭露头角，比如电报、电话网络等。20 世纪下半叶，计算机技术的兴起推动了通信网络的数字化和计算机网络的发展，从而为互联网的形成创造了条件。

互联网的发展历程可以分为多个阶段，包括早期的 ARPANET（美国国防部高级研究计划署网络）、互联网的商业化阶段以及云计算、物联网等新兴技术的发展阶段。这些阶段相互交织，共同推动了互联网的迅猛发展。

（三）通信网络与互联网的结构与技术

通信网络的结构包括物理层、数据链路层、网络层、传输层和应用层等。不同层次的协议和技术负责处理不同的任务，使得整个网络能够高效地运行。常见的通信技术包括有线技术（如光纤、同轴电缆）、无线技术（如 Wi-Fi、蓝牙）和卫星通信技术等。

互联网的技术核心是 TCP/IP 协议套件，它定义了数据在网络中的传输方式。域名系统（DNS）用于将易于记忆的域名与 IP 地址相匹配，使得用户能够通过名称访问互联网资源。此外，各种网络安全技术，如防火墙、加密技术等，也是确保互联网安全运行的重要组成部分。

（四）通信网络与互联网的应用领域

通信网络与互联网在各个领域都有广泛的应用。在商业领域，它们促进了电子商务的发展，改变了传统商业模式。在教育领域，远程教育和在线学习成为可能。在医疗领域，远程医疗和电子病历的应用提高了医疗服务的效率。在社交领域，社交媒体的兴起改变了人们的社交方式。

（五）通信网络与互联网的未来趋势

未来，通信网络与互联网将继续发挥重要作用，并面临一系列新的挑战与机遇。5G 技术的推广将使得通信速度更快，延迟更低，从而推动更多应用的发展。物联网的发展将使得更多设备能够互联互通，形成智能化的生态系统。同时，人工智能、区块链等新技术的崛起也将对通信网络与互联网产生深远影响。

通信网络与互联网已经深刻地改变了人类社会，成为信息社会的重要基石。它们的发展历程、结构与技术、应用领域和未来趋势都展示了它们在推动社会进步和创新方面的不可替代的作用。在不断发展的新时代，通信网络与互联网将继续引领着人类走向更加紧密、便捷、智能的未来。

二、工业与物联网应用

在当今数字化时代，工业与物联网的结合已经成为推动创新和提高效率的关键因素。工业和物联网的融合为企业带来了巨大的机遇，同时也提出了新的挑战。本书将探讨工业与物联网的基本概念，以及它们在不同行业中的应用，重点关注它们在制造业、能源领域和物流管理中的作用。

（一）工业与物联网的基本概念

1. 工业 4.0

工业 4.0 是指第四次工业革命，其核心理念是通过数字化、自动化、智能化和互联化技术来提升制造业的效率和灵活性。工业 4.0 的关键特征包括物联网、大数据分析、人工智能和云计算等先进技术的广泛应用。

2. 物联网

物联网是一种通过互联网连接各种设备和物体的技术，使它们能够相互通信和共享数据。这些设备可以是传感器、执行器、嵌入式系统等，它们通过互联网实现信息的采集、传输和分析。

（二）工业与物联网在制造业的应用

1. 智能制造

工业与物联网的融合使制造业能够实现智能制造，通过传感器和数据分析技术实时监测生产过程。这有助于提高生产线的效率、减少能源消耗，并最终降低生产成本。

2. 预测性维护

物联网的应用使制造设备能够实时监测自身状态，通过数据分析预测设备的故障和维护需求。这种预测性维护能够减少设备停机时间，提高设备的可靠性和稳定性。

3. 工业大数据分析

通过物联网收集的大量数据可以进行深度分析，帮助制造企业更好地理解生产过程、优化供应链，并制定更科学的生产计划。大数据分析还可以用于产品质量控制，及时发现和纠正生产中的问题。

（三）工业与物联网在能源领域的应用

1. 智能能源管理

物联网技术在能源领域的应用，使能源设施能够实时监测能源生产和消耗情况。通过实时数据分析，能源管理系统可以优化能源分配，提高能源利用率，降低能源浪费。

2. 可再生能源集成

物联网在可再生能源领域的应用有助于提高可再生能源的集成和利用效率。通过监测风力发电机和太阳能电池板等设备的性能，可以更好地协调可再生能源的产生和传输，确保其稳定地融入能源网络。

3. 节能减排

物联网的实时监测和控制功能有助于企业实现节能减排。通过智能传感器监测设备和系统的运行状态，及时调整能源使用，降低能源消耗，减少对环境的影响。

（四）工业与物联网在物流管理的应用

1. 实时物流监控

物联网技术使物流公司能够实时监测货物的位置、运输状态和环境条件。这有助于提高物流的可视性，减少货物丢失和损坏的风险，并优化整个供应链。

2. 智能仓库管理

物联网在仓库管理中的应用，使仓库能够实时监测库存水平、货物流动和储存条件。这有助于降低库存成本、提高仓储效率，并确保产品在整个供应链中的及时交付。

3. 路线优化和车队管理

物联网的应用使物流公司能够通过实时数据分析优化运输路线，降低运输成本。车队管理系统可以监测车辆的状态，提高车队的运营效率，减少运输时间和资源浪费。

（五）挑战与展望

尽管工业与物联网的应用在多个领域取得了显著的成果，但也面临着一些挑战。安全性、隐私保护、标准化和成本等问题仍然需要得到解决。未来，随着技术的发展和创新的推动，工业与物联网的融合将继续为各行业带来更多机遇，推动数字化转型和智能化发展。

总的来说，工业与物联网的结合正在改变着我们的生产方式、能源利用和物流管理。这种融合为企业提供了更多的机会来提高效率、降低成本，并在竞争激烈的市场中脱颖而出。同时，它也为社会创造了更加智能、便捷和可持续的未来。

三、医疗与健康领域

在当今世界，医疗与健康领域正经历着数字化和技术创新的浪潮。从电子健康记录到远程医疗服务，从医疗大数据到人工智能辅助诊断，科技正在改变着我们对医疗保健的理解和实践。本书将探讨数字化对医疗与健康领域的影响，关注其在医疗服务、疾病预防、诊断与治疗、大数据应用及未来发展方向等方面的应用。

（一）数字化对医疗服务的影响

1. 电子健康记录

电子健康记录的使用已经成为医疗保健系统中的标配。它们使医疗信息更容易访问、共享和管理，提高了医疗服务的效率。患者可以方便地获取个人健康信息，医护人员也能更好地协同工作，提供更为精准和个性化的医疗服务。

2. 远程医疗服务

随着互联网的发展，远程医疗服务变得更加便捷。患者可以通过视频会诊、在线咨询等方式与医生交流，大大提高了医疗服务的可及性，尤其是对于远离医疗资源的地区。远程监测技术也使得患者可以在家中监测生命体征，减少对医疗机构的频繁访问。

（二）数字化在疾病预防与健康管理中的应用

1. 移动健康应用

移动健康应用已经成为许多人健康管理的重要工具。这些应用通过记录运动、饮食、睡眠等数据，为用户提供个性化的健康建议。一些应用还通过提供健康目标和奖励系统来激励用户采取更健康的生活方式。

2. 健康监测设备

可穿戴技术和健康监测设备的兴起为个体提供了更全面的健康信息。心率监测、睡眠分析、运动追踪等功能不仅让人们更好地了解自己的身体状况，也为医疗专业人员提供了更多的数据用于健康评估和疾病预防。

（三）数字化对诊断与治疗的革新

1. 人工智能辅助诊断

人工智能在医疗诊断中的应用，尤其是在影像诊断领域，取得了显著的成果。深度学习算法能够在医学影像中快速准确地识别病变，提高了疾病的早期诊断率。这不仅提高了医生的工作效率，也为患者提供了更早期的治疗机会。

2. 个性化医疗

基于基因信息的个性化医疗正逐渐成为现实。通过分析个体基因组，医生可以为患者制定更为精准的治疗方案，减少治疗过程中的不适反应，提高治疗成功率。

3. 3D 打印技术在医疗领域的应用

3D 打印技术为医疗领域带来了革命性的变化。医生可以利用 3D 打印技术制作定制的人体器官、骨骼或医疗器械，提高手术的精确性和成功率。此外，这一技术还为替代器官的研发提供了新的途径。

（四）医疗大数据的应用

1. 疾病预测与流行病学研究

医疗大数据的分析应用有助于更准确地预测疾病的传播趋势，提高对传染病的监测和控制效率。流行病学研究也从中受益，更好地了解疾病的发病机制和传播途径。

2. 医疗资源优化

通过对医疗大数据的分析，可以更好地了解医疗资源的分布和利用情况。这有助于医疗机构优化资源配置，提高医疗服务的效率，降低系统的负担。

（五）未来发展方向

1. 量子计算在医疗领域的应用

随着量子计算技术的进步，其在医疗领域的应用前景广阔。量子计算有望在药物研发、基因组学等领域提供更为强大的计算能力，加速科学研究和医学创新。

2. 生物传感技术的发展

生物传感技术的进步将推动医疗领域向更加精准的方向发展。微型传感器、生物芯片等技术的应用可以实时监测体内生理参数，为疾病的早期诊断和个性化治疗提供更为精确的数据支持。

3. 脑机接口与神经科学

脑机接口技术将改变对神经系统疾病的治疗方式，同时也为脑科学研究提供了更多的机会。这项技术的发展有望帮助残疾人重建运动功能，同时也为理解和治疗神经系统疾病提供了新的视角。

4. 基因编辑技术的应用

基因编辑技术如CRISPR-Cas9的发展为治疗遗传性疾病提供了新的希望。这一技术不仅可以用于修复基因缺陷，还有望通过基因治疗的方式治愈一些难以治愈的疾病。

5. 社会医疗网络与患者参与

社会医疗网络的建立促使患者更加积极地参与到医疗过程中。患者可以分享个人医疗经验、获取他人经验，同时医疗专业人员也能更好地与患者沟通，实现更为个性化的医疗服务。

（六）挑战与伦理考量

1. 数据隐私和安全

随着医疗数据的数字化，数据隐私和安全问题变得尤为突出。如何在数据共享与隐私保护之间找到平衡，成为医疗领域面临的一项重要挑战。

2. 技术不平等

在数字化医疗的过程中，一些地区和社群可能因为经济、技术或文化因素而无法享受到同等水平的医疗服务。如何减少技术不平等，确保技术的普惠性是一个重要议题。

3. 伦理问题

伦理问题涉及人工智能在医疗中的使用、基因编辑技术的道德边界、患者隐私权等方面。医疗数字化的发展必须伴随着对伦理问题的深刻思考和规范制定。

医疗与健康领域的数字化革命为人类提供了前所未有的机会，从疾病的预防到治疗，再到个性化医疗，都展现出令人振奋的前景。然而，随着技术的发展，我们也必须认真面对各种挑战和伦理问题。通过合理的规范和全球范围的协作，有望创造一个更加智能、可持续且平等的医疗未来。

第二章

无线数据通信技术

第一节　无线通信基础

一、电磁波与频谱分配

电磁波与频谱分配是现代通信领域中的重要概念，涉及无线通信、广播、卫星通信等多个方面。电磁波是一种能够在真空中传播的波动，具有电场和磁场的振荡，它们的波长和频率决定了它们在频谱中的位置。频谱分配则涉及如何有效地管理和分配这些频率以确保不同通信系统之间的互不干扰。

（一）电磁波的基本概念

电磁波是由电场和磁场的相互作用而产生的波动。根据它们的频率和波长，电磁波被分为不同的类型，包括无线电波、微波、红外线、可见光、紫外线、X 射线和 γ 射线。这些波长和频率的差异决定了它们在自然界中的应用，以及在通信技术中的不同用途。

无线通信系统广泛使用无线电波，其波长范围在几百米到几毫米之间。微波通信的波长更短，适用于雷达和一些高速数据传输应用。光通信利用可见光的波长，而 X 射线和 γ 射线主要用于医学成像和其他特定应用。

（二）频谱分配的重要性

频谱是有限的自然资源，因此对其有效的管理和分配至关重要。频谱分配的目标是确保不同的通信系统可以共存，并避免相互干扰。国际电信联盟（ITU）是负责全球频谱管理的组织，制定了国际上通用的频谱分配计划。

频谱分配涉及将不同的频段分配给不同的服务和用途。例如，特定的频段可能分配给广播电台、移动通信、卫星通信、航空通信等。这样的分配有助于确保各个系统之间的协调，以防止互相干扰。

（三）频谱分配的挑战和解决方案

随着通信技术的快速发展，对频谱的需求也在不断增加。这导致了频谱资源的紧张，特别是在一些繁忙的城市和工业区域。因此，频谱管理变得更加复杂和具有挑战性。

一种解决方案是频谱的动态分配，即根据需求实时调整频谱的使用。这种灵活的分配方式可以更有效地利用频谱资源，确保在任何给定时刻都能满足通信系统的需求。智能无线电技术和认知无线电技术是实现动态频谱分配的关键技术。

（四）新兴技术对频谱分配的影响

新兴技术如 5G 通信、物联网和人工智能等对频谱分配提出了新的挑战和机遇。5G 通信需要更高的频谱带宽以支持更快的数据传输速度，而物联网则需要更多的频谱以连接大量的设备。

与此同时，人工智能和机器学习的应用也可以用于优化频谱分配。通过分析大量数据，这些技术可以预测和适应不同通信系统的需求，从而提高频谱的利用效率。

电磁波与频谱分配是现代通信领域的核心概念，直接影响到我们日常生活中的各种通信方式。有效的频谱管理对于推动通信技术的发展和满足不断增长的通信需求至关重要。在新技术的推动下，频谱分配将继续面临挑战，但同时也为创新和改进提供了机会。通过不断优化频谱管理策略，我们可以更好地利用有限的频谱资源，实现更可靠、高效的通信系统。

二、无线信道特性

无线信道是指在无线通信系统中，电磁波传播的媒介。了解无线信道的特性对于设计和优化无线通信系统至关重要。本书将探讨无线信道的基本特性，包括传播损耗、多径效应、衰落和噪声等方面。

（一）传播损耗

1. 自由空间传播损耗

在自由空间中，电磁波的传播受到距离的限制。传播损耗与信号传输距离的平方成正比，这被称为自由空间传播损耗模型。这意味着随着用户设备与基站之间的距离增加，信号强度将减弱。

2. 阴影衰落

阴影衰落是由于传播路径上的物体引起的信号强度不均匀性。建筑物、树木或地形都可能引起阴影衰落，导致信号在某些区域的衰减更为显著。

（二）多径效应

1. 多径传播

多径传播是指信号由于在传播路径中的不同反射、折射和散射而到达接收器的现象。这导致接收端收到来自不同路径的多个版本的信号，这些版本可能在相位和幅度上发生变化。

2. 多径衰落

多径效应引起了信号的多径衰落，这会导致信号在某些位置相互干涉而增强，而在其他位置相互抵消而减弱。多径衰落是无线信道中的一个挑战，需要采用均衡和多径衰落补偿技术来应对。

（三）衰落

1. 大尺度衰落

大尺度衰落主要由于传播路径的距离、地形和障碍物引起。这种衰落是比较缓慢的，其影响范围较大。例如，信号穿过城市区域时，由于建筑物的阻挡，信号强度可能会出现较大的波动。

2. 小尺度衰落

小尺度衰落是由于信号传播路径中的随机性引起的，这包括多径效应和阴影衰落。由于这些效应是随机的，它们导致信号的瞬时强度出现快速的变化，这被称为快速衰落。

（四）噪声

1. 加性白噪声

在无线通信系统中，由于电子元件的存在及其他无源干扰，通常存在加性白噪声。这种噪声是均匀分布在所有频率上的，对通信系统的性能产生负面影响。

2. 干扰

除了加性白噪声外，无线信道还可能受到其他无线设备的干扰，这可能来自相邻的通信系统、雷达、电视信号等。对于频谱资源的竞争和共享，干扰管理变得至关重要。

（五）多天线系统

多天线系统是通过使用多个发射天线和接收天线来改善通信系统性能的一种技术。它利用了空间分集和空间复用的概念，对抗了多径效应和衰落。

（六）信道建模和仿真

为了更好地了解和设计无线通信系统，工程师们通常使用信道建模和仿真工具。这些工具帮助研究者模拟各种信道条件，以评估系统性能，并进行有效的系统设计和优化。

无线信道的特性对无线通信系统的设计和性能产生深远的影响。了解传播损耗、多径效应、衰落和噪声等方面的特性是设计可靠、高效无线通信系统的关键。随着技术的不断发展，可以预期新的技术和算法将不断涌现，以更好地适应无线信道的挑战，并推动无线通信系统向着更高速、更可靠的方向发展。

三、调制与解调技术

在无线通信和有线通信中，调制和解调技术是基础而关键的元素。它们负责将数字信息转换为模拟信号以进行传输，并在接收端将模拟信号还原为数字信息。本书将讨论调制与解调技术的基本概念、常见调制方式及它们在通信系统中的应用。

（一）调制技术

1. 调制的基本概念

调制是指在通信系统中，通过改变载波的某些特性（如振幅、频率或相位）来传输数字信息的过程。这是因为数字信号通常包含有限的频谱，而模拟信号可以传输更宽的频谱。常见的调制方式有振幅调制、频率调制和相位调制。

2. 振幅调制

振幅调制（AM）是通过改变载波的振幅来传输信息的一种方式。在 AM 调制中，调制信号的振幅直接影响到载波的振幅。这种调制方式简单，但容易受到噪声和干扰的影响。

3. 频率调制

频率调制（FM）是通过改变载波的频率来传输信息的方式。在 FM 调制中，调制信号的变化导致了载波频率的变化。FM 调制对于抗噪声的能力较强，因此在音频广播等应用中广泛使用。

4. 相位调制

相位调制（PM）是通过改变载波的相位来传输信息的方式。在 PM 调制中，调制信号导致了载波相位的变化。相位调制对于带宽利用效率较高，但对噪声敏感。

5. 调制调谐

调制调谐是根据信号特性和通信环境的要求选择适当的调制方式。例如，AM 常用于短波广播，FM 用于音频广播，而相位调制在数字通信中广泛应用。

（二）解调技术

1. 解调的基本概念

解调是将调制过的信号还原为原始信息的过程。它是调制的逆过程。解调的目标是从接收到的模拟信号中提取出原始的数字信号，以便进一步处理和使用。

2. 振幅解调（AM）

振幅解调是从振幅调制的信号中提取信息的过程。常见的振幅解调方法有包络检测和同步检测。包络检测通过提取信号的振幅包络来还原调制信号。同步检测则是通过与本地振荡器同步来还原信息。

3. 频率解调（FM）

频率解调是从频率调制的信号中提取信息的过程。鉴频器是常见的频率解调设备，它可以检测信号频率的变化并还原原始信号。

4. 相位解调（PM）

相位解调是从相位调制的信号中提取信息的过程。相位鉴别器是一种常见的相位解调器，它可以测量相位的变化并还原原始信号。

（三）调制与解调在通信系统中的应用

1. 无线通信系统

在无线通信系统中，调制和解调技术是基础中的基础。例如，当您使用手机进行语音通话时，您的声音信号将被调制成无线电波传输到基站，接收端的基站将对这些信号进行解调还原为声音信号。

2. 数字通信

在数字通信中，通常使用相移键控（PSK）、频移键控（FSK）或正交振幅调制（QAM）等高级调制方式。这些调制方式允许在有限的频谱中传输更多的信息，提高了信道的利用效率。

3. 电视和广播

调制和解调技术在电视和广播中也有广泛的应用。例如，AM 和 FM 广播使用振幅调制和频率调制，而电视信号通常采用复杂的调制方式，如正交振幅调制。

（四）未来发展趋势

1. 高阶调制

随着通信系统对更高数据速率的需求不断增加，研究人员正在探索更高阶的调制方式，以在有限的频谱内传输更多的信息。这包括更高阶的 QAM 和更复杂的相位调制方式。

2. 软件定义无线电

软件定义无线电（SDR）技术允许通过软件配置和重新配置通信系统，包括调制和解调方式。这使得通信系统更加灵活，能够适应不同的通信标准和频谱环境。

3. 全数字化通信系统

未来的通信系统可能会更加趋向于全数字化，其中调制和解调将在数字域内完成。这将提高系统的灵活性和可编程性。

（五）挑战与解决方案

1. 频谱效率和带宽

随着通信系统对更高数据速率和更广泛覆盖范围的需求增加，频谱效率和带宽成为调制与解调技术面临的挑战。高阶调制和复杂的调制方式可以提高频谱效率，但也更容易受到信道噪声和干扰的影响。

2. 多路径干扰

多路径效应在无线通信中导致了多路径干扰，这是调制与解调技术需要解决的一个主要问题。多天线系统和先进的调制解调算法可以用来对抗多路径干扰，提高通信系统的性能。

3. 软件定义无线电的复杂性

虽然软件定义无线电技术为通信系统提供了更大的灵活性，但它也带来了更高的复杂性。调制和解调算法的实现需要更强大的计算资源，并且需要更丰富的软件控制来适应不同的通信环境。

调制与解调技术是现代通信系统中不可或缺的部分，它们影响着通信系统的性能、效率和适应性。随着通信技术的不断发展和应用场景的不断扩展，调制与解调技术也在不断演进。从传统的 AM、FM 到现代的高阶调制方式，再到未来可能的全数字化和量子通信，调制与解调技术将继续在推动通信领域的创新中发挥关键作用。通过解决现有技术面临的挑战，调制与解调技术将助力未来通信系统更好地满足人们对高效、可靠通信的需求。

第二节　移动通信技术

一、移动网络体系结构

移动网络体系结构是支持移动通信服务的基础架构，它包括了一系列组件和协议，以确保用户在任何时间、任何地点都能够稳定、高效地进行通信。本书将探讨移动网络体系结构的主要组成部分、各个层次的功能和相互关系，以及未来发展的趋势。

（一）移动网络的基本概念

1. 移动通信网络

移动通信网络是指通过无线技术连接移动用户和终端设备的通信网络。它允许用户在移动的过程中保持通信连接，实现无缝的覆盖和漫游。

2. 无线电接入技术

无线电接入技术是移动通信网络的核心，它包括了多种通信标准和协议,如 GSM、CDMA、LTE 和 5G 等。这些技术决定了用户终端如何接入网络,以及网络如何为用户提供服务。

（二）移动网络体系结构的层次结构

1. 物理层

物理层是移动网络体系结构的最底层,负责处理无线信号的调制、解调、传输和接收。这包括了无线信道的管理、频谱的利用等方面。

2. 数据链路层

数据链路层负责在物理层上提供可靠的数据传输,包括帧的组装和解组装、流量控制、错误检测和纠正等功能。在移动网络中,这一层通常包括了介质访问控制（MAC）和逻辑链路控制（LLC）子层。

3. 网络层

网络层负责实现数据的路由和转发,确保数据从源节点传输到目标节点。在移动网络中,这一层通常包括了移动 IP 等协议,以支持用户在不同网络中漫游。

4. 传输层

传输层提供端到端的通信服务,包括数据的分段、流量控制、差错处理等功能。在移动网络中,TCP 和 UDP 是常用的传输层协议。

5. 会话层、表示层和应用层

这些层次负责处理用户数据的表示、交互和应用。它们包括了协议、编码、数据格式等,以确保用户数据的正确解释和处理。

（三）核心网络

1. 移动核心网

移动核心网是移动网络的中枢,它负责处理用户的认证、鉴权、计费、位置管理等核心功能。这一层次包括了 Home Location Register（HLR）、Visitor Location Register（VLR）、Authentication Center（AUC）等组件。

2. Packet Switched Core Network

Packet Switched Core Network 是支持数据包交换的核心网络部分，它负责处理移动互联网服务，包括移动网络到互联网的网关、数据的传输和路由等。

（四）接入网络

1. 移动接入网

移动接入网是用户通过终端设备接入核心网络的入口。它包括了无线接入技术的基站、基站控制器、无线控制器等组件。

2. 传输网络

传输网络负责连接核心网络、接入网络和其他网络。在移动网络中，传输网络通常使用光纤、微波链路、卫星链路等技术，以提供高带宽、低时延的连接。

（五）业务支持系统（BSS）和运营支持系统（OSS）

1. 业务支持系统（BSS）

BSS 包括了与用户直接交互的业务支持组件，如计费系统、客户关系管理系统、销售系统等。它们确保用户可以方便地管理账户、选择服务、进行支付等。

2. 运营支持系统（OSS）

OSS 则负责运营和维护整个移动网络。这包括了网络监控、故障管理、性能优化等功能，以确保网络的稳定运行。

（六）安全性与隐私

安全性和隐私是移动网络体系结构设计中至关重要的考虑因素。这包括了用户身份认证、数据加密、访问控制、安全管理等方面，以保障用户和网络的安全。

（七）未来发展趋势

1. 5G 和 6G 技术

5G 技术已经在全球范围内商用，而 6G 技术正在研发中。这些新一代技术将带来更高的数据速率、更低的时延、更多连接数等优势，推动移动网络体系结构的演进。

2. 物联网和边缘计算

随着物联网的发展，移动网络将不仅仅连接人，还将连接大量的物。边缘计算将在接入网络附近提供更强大的计算能力，为物联网应用提供支持。

3. 网络切片

网络切片是一种技术，允许将一个物理网络划分为多个逻辑网络，以满足不同应用场景和业务需求。这使得网络可以更灵活地适应各种服务类型，如低时延通信、高带宽传输等。

4. 较大频谱范围和更高频段的利用

未来的移动网络将继续探索更广泛的频谱范围和更高频段的利用，以支持更多用户和更高速的通信。毫米波频段的利用是其中的一个趋势，它可以提供更大的带宽。

5. 量子通信的应用

随着量子通信技术的不断发展，未来移动网络可能涌现出基于量子

通信的新体系结构。量子密钥分发和量子隐形传态等技术有望提供更高
水平的安全性和隐私保护。

（八）挑战与解决方案

1. 容量和覆盖问题

随着用户数量的增加和对更高数据速率的需求，网络容量和覆盖成
为挑战。采用更高效的调制解调技术、网络优化算法和更密集的基站部
署是解决方案之一。

2. 安全和隐私问题

随着网络的智能化和连接设备的增多，网络的安全性和用户隐私面
临更大的威胁。加强身份验证、数据加密和安全协议的应用是解决这一
问题的途径。

3. 互操作性和标准化

不同厂商和运营商的设备和网络之间需要保持互操作性，而这需要
制定和遵循一系列的通信标准。推动全球范围内的标准化工作，促进设
备和系统的互操作性是一个关键挑战。

4. 持续性优化和管理

移动网络体系结构需要持续优化和管理，以适应不断变化的通信环
境和技术发展。智能网络管理、自动化和人工智能的应用有助于提高网
络的效率和可维护性。

移动网络体系结构是一个复杂而庞大的系统，它在支持移动通信服
务方面发挥着关键作用。从物理层到应用层，从核心网络到接入网络，
各个层次相互关联，共同构成了一个完整的移动通信生态系统。未来，
随着 5G 和 6G 技术的普及、物联网的发展及新兴技术的应用，移动网络
体系结构将继续发展演进，以满足人们对更高效、更智能、更安全通信

的需求。在不断挑战和解决问题的过程中，移动通信将继续成为人们日常生活和工业应用中不可或缺的一部分。

二、移动通信协议

移动通信协议是支持无线通信系统运作的关键要素，它规定了无线通信设备之间的规则和约定，以确保设备之间能够正确、高效地交换信息。本书将探讨移动通信协议的基本概念、主要协议标准及它们在不同层次的应用。

（一）移动通信协议体系结构

移动通信协议体系结构采用了分层结构，以实现模块化、可扩展、可维护的系统。主要分为物理层、数据链路层、网络层、传输层、会话层、表示层和应用层。

1. 物理层

物理层是协议体系结构的最底层，它负责传输比特流。在移动通信中，物理层涉及调制、解调、射频传输等，以确保可靠的数据传输。

2. 数据链路层

数据链路层负责在物理层上提供可靠的数据传输。它包括逻辑链路控制（LLC）子层和介质访问控制（MAC）子层，用于管理帧的传输和接收，以及处理数据链路的错误检测和纠正。

3. 网络层

网络层负责数据的路由和转发。在移动通信中，网络层处理移动 IP 等协议，以支持用户在不同网络中的漫游。

4. 传输层

传输层提供端到端的通信服务，包括数据的分段、流量控制、差错处理等。在移动通信中，TCP 和 UDP 是常用的传输层协议。

5. 会话层、表示层和应用层

这些层次负责处理用户数据的表示、交互和应用。它们包括了协议、编码、数据格式等，以确保用户数据的正确解释和处理。

（二）主要移动通信协议标准

1. GSM

GSM 是移动通信领域的一个里程碑，它是第一个广泛应用的数字无线通信标准。GSM 协议涵盖了物理层、数据链路层和网络层，并为移动通信设备提供了全球漫游的能力。

2. CDMA

CDMA 是一种无线通信技术，其协议规定了在同一频率带上多用户之间如何进行编码以进行区分。CDMA 协议在物理层和数据链路层上定义了一系列规范，支持高容量和高质量的通信。

3. LTE

LTE 是 4G 移动通信标准，它使用了 OFDMA 和 MIMO 等技术，提供了更高的数据速率、更低的时延和更好的系统容量。

4. 5G

5G 是当前移动通信领域的最新一代标准，它在传输层和网络层引入了多种新技术，如毫米波通信、大规模 MIMO、网络切片等。5G 旨在提供更高的数据速率、更低的时延、更多的连接性及更好的网络效率。

（三）协议的演进与发展

1. 物联网通信协议

随着物联网的兴起，针对物联网设备的通信协议逐渐成为一个重要的领域。协议如 MQTT、CoAP 等应运而生，以满足物联网设备对轻量级通信的需求。

2. 边缘计算与通信

边缘计算将计算资源更靠近设备和用户，减少了通信的时延。通信协议在支持边缘计算方面也需要相应的演进，以适应更分散和分布式的计算环境。

3. 卫星通信协议

卫星通信在偏远地区和移动设备中发挥着关键作用。卫星通信协议需要考虑到信号传播的特殊性，确保在卫星网络中稳定、高效地进行通信。

（四）安全性与隐私

1. 身份认证与加密

移动通信协议需要提供有效的身份认证和数据加密机制，以防止未经授权的访问和保护用户的隐私。

2. 安全协议的应用

TLS 和 IPsec 等安全协议被广泛用于移动通信中，确保数据在传输过程中的机密性和完整性。

（五）未来发展趋势

1. 6G 技术的兴起

随着 5G 的商用推进，研究人员已经开始关注 6G 技术的研发。6G有望提供更高的数据速率、更低的时延、更好的连接密度和更广泛的应用场景。新一代的移动通信协议将面临更高的性能和更复杂的通信环境的挑战。

2. 边缘计算与物联网整合

未来移动通信协议将更加紧密地与边缘计算和物联网整合。随着物联网设备数量的急剧增加，协议需要适应大规模设备管理、低功耗通信和安全性等方面的需求。

3. 全球卫星互联网

卫星通信将继续发挥重要作用，特别是在偏远地区和紧急情况下。未来的卫星通信协议可能会更加灵活，支持更高速率和更广泛覆盖的通信。

4. 人工智能在协议中的应用

人工智能（AI）技术的发展将为移动通信协议带来新的可能性。AI可以用于网络优化、故障检测、安全管理等方面，提高网络的自适应性和智能化水平。

（六）挑战与解决方案

1. 网络安全挑战

随着通信技术的发展，网络安全威胁也在不断演变。新型的网络攻击和隐私泄露威胁需要协议提供更强大的安全机制，包括更复杂的身份认证、加密算法和安全协议的应用。

2. 频谱资源限制

频谱资源是有限的，尤其是在频谱拥挤的城市地区。未来的协议需要更好地利用频谱资源，采用更智能的频谱管理和共享机制，以满足日益增长的数据需求。

3. 设备多样性

移动设备的多样性包括了智能手机、物联网设备、移动车辆等各种类型。协议需要适应不同类型设备的通信需求，包括低功耗、低成本、高可靠性等方面。

4. 国际标准化的挑战

由于不同国家和地区可能采用不同的通信标准，国际标准化是一个挑战。推动全球通信标准的一致性，加强国际合作，是解决这一问题的关键。

移动通信协议是现代通信系统运作的核心。从最早的 GSM 到当前的 5G，再到未来的 6G，协议的发展不断推动着移动通信的演进。面对未来的挑战，协议需要不断创新，以适应更高的性能需求、更广泛的应用场景和更复杂的通信环境。同时，安全性、隐私保护、频谱管理和设备多样性等问题也需要得到更全面、更有效的解决。通过持续的研究和国际合作，移动通信协议将继续在推动通信技术发展和改善人们生活方面发挥关键作用。

三、移动终端与设备

移动终端与设备是现代社会中无法忽视的一部分，其包括了各种便携式设备，如智能手机、平板电脑、可穿戴设备等。这些设备通过移动通信技术实现信息的获取、分享和交互，改变了人们的生活方式和工作方式。本书将探讨移动终端与设备的发展历程、技术特点、未来趋势和其在各个领域中的应用。

（一）移动终端与设备的发展历程

1. 移动电话的诞生

移动通信的历史可以追溯到 20 世纪初，但真正的移动电话是在 20 世纪 70 年代开始普及的。最初的移动电话是笨重的，主要用于车载通信。随着技术的进步，移动电话逐渐变得更小巧便携，开始进入大众市场。

2. 智能手机的兴起

智能手机的出现标志着移动终端领域的一次革命。第一款商用智能手机可以追溯到 2000 年左右，但真正的普及是在 2007 年苹果公司推出第一代 iPhone 之后。智能手机不仅具备电话通信功能，还拥有更强大的计算和娱乐能力，推动了移动终端的多样化和功能丰富化。

3. 平板电脑、可穿戴设备的崛起

随着移动芯片技术的不断进步，平板电脑在 2010 年得到普及。平板电脑具有大屏幕、便携性和触控交互的特点，成为了一种独立的移动终端。同时，可穿戴设备如智能手表、健康监测器等也开始崭露头角，为用户提供了更为便捷的信息获取和生活辅助功能。

（二）移动终端与设备的技术特点

1. 移动操作系统

移动终端多采用类似于 Android 和 iOS 的移动操作系统。这些操作系统为移动设备提供了友好的用户界面、应用管理、安全性控制等功能，成为移动应用程序的基础。

2. 高性能处理器

移动终端与设备采用了高性能的移动处理器，以满足复杂应用、图形处理和多媒体需求。这些处理器通常具有节能、高性能的特点，以保证设备在移动状态下的可靠性和续航能力。

3. 多样化的传感器

为了实现更多的交互和功能，移动设备配备了各种传感器，如加速度计、陀螺仪、GPS、环境光传感器等。这些传感器为应用提供了更多的环境信息，使得移动终端具备更智能、更感知的能力。

4. 高清晰度摄像头

摄像头是移动终端的一项重要功能。高清晰度摄像头使得用户可以拍摄高质量的照片和视频，并且为各种应用场景，如视频通话、增强现实等提供了可能。

5. 高速移动通信技术

移动终端依赖于高速移动通信技术，如 3G、4G 和 5G 等，以实现更快速的数据传输、更低时延的通信体验。这为高清视频流、实时在线游戏等大流量应用提供了支持。

（三）移动终端与设备在各领域的应用

1. 通信领域

移动终端最基本的应用领域是通信。用户可以通过手机进行语音通话、短信发送、社交媒体互动等。智能手机的发展也推动了即时通信应用的兴起，如微信、WhatsApp、Telegram 等。

2. 信息获取与分享

移动设备成为用户获取信息的主要工具，用户可以通过浏览器、新闻应用、社交媒体等渠道获取实时的新闻、博客、社交动态等信息，并进行分享和评论。

3. 移动支付

移动终端与设备的普及也催生了移动支付的兴起。用户可以通过手机支付宝、微信支付等移动支付平台完成线上线下的支付交易，实现了方便快捷的支付方式。

4. 娱乐与游戏

智能手机和平板电脑成为用户娱乐的重要工具。用户可以通过移动设备观看视频、玩游戏、听音乐等，移动终端成为了个人娱乐中不可或缺的一部分。

5. 教育与健康

移动设备在教育领域发挥了重要作用。学生可以通过平板电脑学习课程、阅读电子书，而健康应用和可穿戴设备则提供了监测用户健康状况、运动状态等信息的能力。这使得移动终端成为了促进教育和健康管理的有力工具。

6. 商务与生产力

移动设备在商务和生产力领域也发挥了关键作用。智能手机和平板电脑成为商务人士的移动办公工具，支持电子邮件、文件管理、视频会议等功能。移动应用的发展也为项目管理、团队协作提供了便捷的解决方案。

7. 智能家居与物联网

通过移动设备，用户可以实现对智能家居设备的远程控制，如智能灯光、智能家电等。这使得用户能够在外部远程监控和控制家庭设备，提高了家庭生活的智能化水平。移动终端也是物联网的重要入口，连接了各种智能设备，实现了设备之间的互联互通。

（四）移动终端与设备的未来趋势

1. 5G 技术的推广

随着 5G 技术的商用推广，移动终端与设备将进一步迎来更快的数据传输速率、更低的时延和更多的连接能力。这将推动更多高带宽、低时延的应用场景的出现，如增强现实、虚拟现实等。

2. 折叠屏技术

折叠屏技术是一种新型的移动设备显示技术，使得手机和平板电脑可以具备更大的屏幕，同时保持便携性。这种技术的发展可能会改变用户对移动设备的使用方式和体验。

3. 智能助手和语音交互

智能助手和语音交互技术的不断发展将使移动终端更加智能化。用户可以通过语音指令完成各种操作，而智能助手可以更好地理解和响应用户需求，提供更个性化、智能化的服务。

4. 增强现实（AR）和虚拟现实（VR）

增强现实和虚拟现实技术有望成为移动终端与设备的重要应用方向。这将带来更丰富的娱乐体验、更实用的工作应用，如虚拟会议、虚拟培训等。

5. 生物识别技术

生物识别技术，如指纹识别、面部识别、虹膜识别等，将为移动终端提供更安全、便捷的身份认证方式。这将提高设备的安全性，防止未经授权的访问。

（五）挑战与解决方案

1. 安全和隐私问题

随着移动终端在日常生活中的普及，安全和隐私问题愈加突出。解决方案包括加强设备硬件的安全性、采用更加严格的隐私政策和法规，并推动技术的不断创新以应对潜在的威胁。

2. 设备生命周期管理

移动设备的更新换代速度较快，设备生命周期管理成为一个挑战。解决方案包括可持续的设备设计，延长设备的使用寿命，以及推动可持续发展的理念。

3. 多样性的设备和平台

不同制造商生产的移动设备存在平台和操作系统的差异，这给开发者和用户带来了一定的不便。解决方案包括制定更为统一的标准和协议，以促使不同设备的更好兼容性。

4. 数字鸿沟

尽管移动设备在发达国家得到广泛应用，但在一些发展中国家和偏远地区，数字鸿沟仍然存在。解决方案包括加强基础设施建设，提高设备的普及率，以确保更多人能够享受到移动设备的便利。

移动终端与设备已经深刻改变了我们的生活方式、工作方式和社交方式。从最初的移动电话到如今的智能手机、平板电脑，移动终端不断演进，不断提供更强大的功能和更丰富的应用场景。未来，随着 5G 技术的普及、折叠屏技术的成熟、生物识别技术的发展，移动终端与设备将迎来更多创新和变革。然而，面对各种挑战，包括安全和隐私问题、设备生命周期管理、数字鸿沟等，需要继续努力推动技术发展，制定合理的政策和标准。

第三节　物联网与数据通信

一、物联网基础

物联网是指通过各种传感器、设备和物体之间的互联互通，实现信息的采集、传输、处理和应用的智能化网络。物联网已经深刻地渗透到生活的各个方面，包括家庭、城市、工业等。本书将探讨物联网的基础概念、技术架构、应用场景和未来发展趋势。

（一）物联网的基础概念

1. 物联网定义

物联网是一种通过互联网连接各种设备、传感器、机器等物体，使其能够进行数据交换和共享信息的技术体系。物联网通过无线或有线网络实现设备之间的通信，从而实现对物理世界的感知、理解和控制。

2. 物联网的组成要素

物联网的核心组成要素如下。

感知层：由各种传感器组成，负责采集现实世界中的数据，如温度、湿度、光照、位置等。

通信层：使用各种通信技术，如 Wi-Fi、蓝牙、LoRa、NB-IoT 等，实现设备之间的数据传输。

网络层：包括云计算、边缘计算等基础设施，负责数据的存储、处理和分发。

应用层：提供各种应用和服务，使用户能够通过物联网获得实时信息、实现远程控制等功能。

3. 物联网的工作原理

物联网的工作原理可简要概括如下。

感知：通过各种传感器感知现实世界中的信息，如温度、湿度、运动等。

连接：通过无线或有线网络，将感知到的数据传输到云端或边缘计算平台。

处理：在云端或边缘计算平台上对数据进行处理、分析，提取有用信息。

应用：基于处理后的信息，提供各种应用和服务，实现远程监控、智能控制等功能。

（二）物联网的技术架构

1. 传感器技术

传感器是物联网的基础，用于感知现实世界中的各种信息。常见的传感器包括温度传感器、湿度传感器、光照传感器、运动传感器等。传感器的选择取决于具体应用场景和需求。

2. 通信技术

物联网中设备之间的通信使用多种技术如下。

无线技术：如 Wi-Fi、蓝牙、Zigbee，适用于短距离通信和设备之间的连接。

LPWAN：如 LoRa、NB-IoT，适用于远距离通信和低功耗设备。

有线技术：如以太网、Modbus 等，适用于稳定的有线环境。

3. 云计算和边缘计算

物联网的数据处理通常分为云计算和边缘计算两个层次。

云计算：数据存储、处理和分析在云端完成，具有强大的计算能力和存储资源。

边缘计算：在设备附近进行数据处理，减少数据传输延迟，适用于对实时性要求较高的场景。

4. 安全与隐私保护

由于涉及大量的敏感数据，物联网系统需要强调安全与隐私保护。采用加密通信、身份认证、安全协议等技术手段，确保数据在采集、传输和处理的过程中不被恶意攻击和窃取。

（三）物联网的应用场景

1. 智能家居

智能家居是物联网的典型应用场景。通过连接家庭中的灯光、家电、安防系统等设备，用户可以远程监控、控制家庭设备，实现智能化的生活方式。

2. 智慧城市

在智慧城市中，物联网技术被广泛应用于城市管理、交通监控、环境监测等领域。通过传感器网络和大数据分析，实现城市资源的智能调度和管理。

3. 工业物联网

工业物联网用于监控和优化生产过程，提高工业生产效率。通过连接各种工业设备和传感器，实现设备状态监测、预测性维护等功能。

4. 农业物联网

农业物联网应用于现代农业生产，通过感知土壤湿度、气温、光照等信息，帮助农民科学决策，提高农业生产效率。智能灌溉系统、精准农业管理等技术通过物联网实现，为农业领域注入了新的活力。

5. 医疗保健

在医疗领域，物联网技术可用于远程健康监测、患者数据管理、医疗设备远程管理等。通过穿戴设备、医疗传感器等，实时监测患者的生理参数，为医护人员提供及时的数据支持。

6. 物流与供应链管理

物联网在物流和供应链管理中发挥关键作用。通过追踪和监控货物的运输状态、温度、湿度等信息，提高货物的运输效率，降低物流成本，增强供应链的可见性和透明度。

7. 智能交通

物联网技术在交通领域的应用涉及智能交通信号灯、车辆追踪、智能停车等方面。通过数据采集和实时分析，实现交通流的优化、拥堵的缓解，提高城市交通的效率和安全性。

（四）物联网的未来趋势

1. 边缘人工智能

随着人工智能的发展，边缘计算和物联网将更加紧密地结合，形成边缘人工智能。设备将具备更强大的本地计算和决策能力，减少对云端的依赖，提高系统的实时性和响应速度。

2. 5G 技术的推动

5G 技术的商用推广将为物联网带来更高的带宽、更低的时延和更多的连接能力。这将推动物联网在更多场景中的应用，如增强现实、虚拟现实等。

3. 区块链技术的整合

为了解决物联网中的安全和隐私问题，区块链技术将被整合到物联网系统中。区块链可以提供分布式的、不可篡改的数据存储，增强系统的安全性和可信度。

4. 可穿戴技术的发展

随着可穿戴技术的不断发展，更多的传感器和智能设备将融入到用户的衣物和配饰中。这将进一步拓展物联网的应用场景，如健康监测、个人定位等。

5. 生态系统的建设

未来物联网将更加注重构建开放、互联的生态系统。各种设备和平台将更好地协同工作，实现更广泛的数据共享和互操作性，推动物联网的全面发展。

（五）挑战与解决方案

1. 安全与隐私问题

物联网中涉及大量敏感数据，安全与隐私问题一直是关注的焦点。解决方案包括使用加密通信、安全协议、区块链技术等手段，确保数据的安全性和隐私保护。

2. 标准化与互操作性

物联网涉及多个厂商、多种技术，标准化和互操作性是一个挑战。推动制定统一的物联网标准，促进设备之间更好地兼容性，是解决这一问题的途径。

3. 能源管理

物联网设备的数量巨大，如何有效管理这些设备的能源成为一个问题。低功耗设计、能源高效的通信技术、智能能源管理系统等是解决方案。

4. 数据处理与分析

随着物联网设备生成的数据不断增加，如何有效处理和分析这些数据成为一个挑战。边缘计算、人工智能算法的应用、优化数据存储与传输等可以解决这一问题。

物联网作为连接现实世界和数字世界的桥梁，已经深刻地改变了我们的生活和工作方式。随着技术的不断发展，物联网将继续在各个领域发挥关键作用，实现设备之间的智能互联、信息的智能化利用。然而，面对诸多挑战，包括安全隐私、标准化、能源管理等，需要技术创新、政策支持和行业合作，共同推动物联网的可持续发展。

二、传感器与嵌入式系统

传感器与嵌入式系统是现代科技领域中不可或缺的两个组成部分。传感器作为信息获取的重要工具，通过感知现实世界中的各种物理量，为数字系统提供输入数据。而嵌入式系统则是集成了计算、控制和通信功能的微处理器系统，通常被嵌入到其他设备或系统中，用于实现特定的功能。本书将研究传感器和嵌入式系统的基础概念、工作原理、技术发展和应用领域。

（一）传感器的基础概念

1. 传感器定义

传感器是一种能够感知、测量并转换物理量或化学量为电信号的装置。它将现实世界中的信息转换为数字或模拟信号，以便计算机或其他数字系统进行处理。

2. 传感器的分类

按感知的物理量分类

光学传感器：感知光的强度、颜色等。

温度传感器：用于测量温度。

加速度传感器：测量物体的加速度。

湿度传感器：用于测量空气湿度。

按工作原理分类

电阻式传感器：通过测量电阻变化实现感知。

电容式传感器：利用电容变化进行测量。

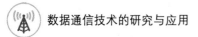

光电传感器：使用光电效应实现感知。

压力传感器：通过测量压力变化来感知物理量。

3. 传感器的工作原理

传感器的工作原理基于不同的物理效应，如电阻变化、电容变化、光电效应等。例如，温度传感器可以利用材料的电阻随温度变化的特性，通过测量电阻的变化来反映温度的变化。

（二）传感器的技术发展

1. 微电子技术的应用

随着微电子技术的飞速发展，传感器的制造工艺得到了极大的改进。微电子技术的应用使得传感器变得更小巧、更精密，同时降低了制造成本。

2. 智能传感器的兴起

智能传感器集成了更多的功能，具有一定的数据处理能力。这使得传感器能够在本地对数据进行分析和处理，减轻了对中心计算资源的依赖。

3. 无线通信技术的融合

随着无线通信技术的发展，传感器不再局限于有线连接，而是可以通过蓝牙、Wi-Fi、LoRa 等无线协议进行数据传输。这为传感器的布局和应用带来了更大的灵活性。

4. 先进材料的运用

先进材料的应用提高了传感器的性能和稳定性。例如，纳米材料的引入使得传感器对目标物质的敏感度得到提升，同时降低了传感器的响应时间。

（三）嵌入式系统的基础概念

1. 嵌入式系统定义

嵌入式系统是一种专用计算机系统，它被设计用于执行特定的功能或任务，并通常被嵌入到其他设备或系统中。这些系统集成了处理器、存储器、输入/输出接口和嵌入式软件，以实现特定的应用需求。

2. 嵌入式系统的特征

实时性：许多嵌入式系统需要在特定的时间范围内完成任务，因此具有实时性的要求。

稳定性：嵌入式系统通常需要长时间的稳定运行，对系统的稳定性要求较高。

资源受限：由于通常嵌入在资源有限的设备中，嵌入式系统对处理器、内存和存储等资源有着严格的限制。

功耗优化：对于依赖电池供电的嵌入式系统，功耗的优化是关键的考虑因素。

（四）传感器与嵌入式系统的结合

1. 传感器在嵌入式系统中的作用

数据采集：传感器负责感知周围环境中的物理量，并将这些信息转化为数字信号。

实时反馈：嵌入式系统可以通过传感器获得的数据做出实时的决策和反馈，实现对环境的即时掌控。

自适应控制：基于传感器数据，嵌入式系统可以实现对系统状态的实时监测，并根据需要进行自适应的控制。

2. 嵌入式系统对传感器的要求

低功耗：对于移动设备或依赖电池的系统，嵌入式系统对传感器的

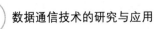

功耗要求较低。

实时性：嵌入式系统通常需要实时处理传感器的数据，因此对传感器的响应时间有较高的要求。

通信接口：嵌入式系统需要与传感器之间建立有效的通信接口，以便及时获取传感器产生的数据。

（五）传感器与嵌入式系统的应用领域

1. 工业自动化

在工业自动化领域，传感器与嵌入式系统的结合广泛应用于设备监测、生产流程控制、物流管理等方面。

2. 智能交通系统

嵌入式系统与传感器在智能交通系统中的应用包括交通流量监测、智能交通信号灯控制、车辆追踪等。

3. 医疗保健

在医疗保健领域，传感器与嵌入式系统结合用于患者监测、医疗设备控制、健康数据采集等方面。

4. 智能家居

传感器与嵌入式系统在智能家居中的应用包括智能家电控制、环境监测、安防系统等。

（六）挑战与未来发展方向

1. 能耗与效能平衡

在嵌入式系统中，为了保持设备长时间运行，需要在功耗与性能之间找到平衡。传感器的低功耗设计和嵌入式系统的能效优化是未来的挑战之一。

2. 实时性与延迟

一些应用对实时性要求极高，需要在传感器和嵌入式系统之间实现低延迟的数据传输和处理。这对通信协议、数据传输速度等提出了更高的要求。

3. 安全性与隐私保护

随着物联网的发展，传感器与嵌入式系统在连接性上的增加也带来了安全性和隐私保护的问题。如何在设计中考虑安全性，确保数据的安全传输和存储，是未来需要解决的问题。

4. 标准化与互操作性

由于传感器和嵌入式系统的种类繁多，各自厂商的设备存在互操作性差异。推动制定统一的标准，提高设备的互操作性，是未来的发展方向之一。

传感器与嵌入式系统作为当代科技领域中的重要组成部分，在工业、医疗、智能家居等领域发挥着不可替代的作用。通过感知和处理信息，它们为我们的生活带来了便利和智能化。然而，随着技术的不断发展，传感器与嵌入式系统仍面临着一系列挑战，包括能耗与效能平衡、实时性与延迟、安全性与隐私保护等。未来的发展方向将集中在解决这些挑战的基础上，推动传感器与嵌入式系统更好地服务于人类社会。

三、物联网通信协议

物联网是一种重要的技术趋势，正在改变着我们的生活和工作方式。它通过将各种设备和传感器连接到互联网，实现了设备之间的互联互通，数据的实时采集和分析，从而为各行各业提供了巨大的机会和挑战。在物联网中，通信协议扮演着关键的角色，它们决定了设备之间如何交流、数据如何传输，以及如何确保数据的安全和隐私。

本书将探讨物联网通信协议的重要性，介绍一些常见的物联网通信协议，以及它们的特点和适用领域。还将讨论物联网通信协议的未来趋势和挑战，以及它们如何推动物联网技术的发展。

（一）物联网通信协议的重要性

物联网的核心概念是将各种设备和传感器连接到互联网，实现设备之间的互联互通。这就需要一种有效的通信协议来实现数据的传输和设备之间的交互。物联网通信协议的重要性主要体现在以下几个方面。

数据传输：物联网设备需要不断地向云端发送数据，这些数据可能包括温度、湿度、位置信息、传感器数据等。通信协议需要确保数据的可靠传输，以便及时监测和分析。

设备互联：物联网中存在各种不同类型的设备，包括传感器、控制器、智能手机、智能家居设备等。通信协议需要能够连接这些设备，使它们能够互相交流和协作。

安全性：物联网设备通常涉及用户的隐私和安全。通信协议需要提供加密和认证机制，以保护数据的安全性。

互操作性：不同厂商生产的物联网设备可能使用不同的通信协议。为了实现设备的互操作性，通信协议需要足够灵活，以适应不同设备之间的通信需求。

能源效率：许多物联网设备使用电池供电，通信协议需要考虑到能源效率，以延长设备的电池寿命。

因此，物联网通信协议可以被视为物联网的基础，它决定了物联网技术的可行性和实际应用。

（二）常见的物联网通信协议

在物联网中，有许多不同的通信协议可供选择，每种协议都具有其自身的特点和适用领域。以下是一些常见的物联网通信协议。

MQTT：MQTT是一种轻量级、发布/订阅模式的通信协议，特别适用于传感器和设备之间的实时数据传输。它具有低开销、高效率和可靠性的特点，被广泛应用于物联网中。

CoAP：CoAP 是一种面向受限设备的通信协议，适用于物联网中的资源受限设备。它采用 RESTful 架构风格，可以与 HTTP 协议轻松集成，并支持低能耗通信。

HTTP：虽然 HTTP 最初不是为物联网设计的，但由于其广泛应用和成熟的生态系统，许多物联网应用也使用 HTTP 作为通信协议。HTTP 基于 TCP/IP 协议，支持多种数据格式，适用于云端服务和 Web 应用。

LoRaWAN：LoRaWAN 是一种低功耗、长距离的通信协议，专门设计用于连接大范围的传感器设备。它在无线电频段上运行，可以覆盖数十公里的范围，并具有出色的穿透能力。

Zigbee：Zigbee 是一种无线通信协议，特别适用于家庭自动化和智能家居设备。它采用低功耗设计，支持自组织网络，可以连接大量设备。

NB-IoT：NB-IoT 是一种蜂窝通信协议，专门用于连接低功耗物联网设备。它提供广覆盖、低功耗和高可靠性的通信。

6LoWPAN：6LoWPAN 是一种允许 IPv6 数据包在低功耗无线网络上传输的通信协议。它适用于需要使用 IP 地址的物联网应用。

这些通信协议各自具有独特的特点，可以根据具体的应用场景和需求来选择。

（三）通信协议的特点和适用领域

不同的物联网通信协议具有各自的特点和适用领域，下面将对其中一些协议进行详述。

MQTT

特点：轻量级、高效率、发布/订阅模式、可靠性高。

适用领域：传感器数据实时传输、设备监控、物联网应用中需要低延迟和高可靠性的场景。

CoAP

特点：面向受限设备、RESTful 架构、轻量级、低能耗。

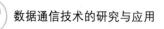

适用领域：资源受限设备的通信、物联网中需要低功耗和快速响应的场景。

HTTP

特点：成熟、广泛应用、多数据格式支持。

适用领域：与云端服务的通信、Web 应用、需要与现有互联网基础设施集成的场景。

LoRaWAN

特点：长距离、低功耗、穿透能力强。

适用领域：大范围传感器网络、农业物联网、城市智能化等需要覆盖广泛区域的场景。

Zigbee

特点：低功耗、自组织网络、连接大量设备。

适用领域：智能家居、工业自动化、大规模设备互联的场景。

NB-IoT

特点：蜂窝通信、广覆盖、低功耗、高可靠性。

适用领域：城市智能交通、智能电表、远程监控等需要长距离、低功耗的场景。

6LoWPAN

特点：允许 IPv6 数据包传输、适用于低功耗无线网络。

适用领域：需要使用 IP 地址的物联网应用、低功耗设备的通信场景。

这些通信协议的选择取决于具体应用的需求，例如通信距离、功耗要求、数据传输频率等。在实际应用中，有时候会采用混合使用多种协议以满足不同设备的需求，形成更加灵活和可扩展的物联网系统。

（四）未来趋势和挑战

边缘计算和边缘通信：随着物联网设备数量的增加，边缘计算将变得更加重要，以减轻云端的负担。物联网通信协议需要适应边缘计算的需求，支持设备在边缘进行更多的数据处理。

安全性和隐私：随着物联网应用的增加，安全性和隐私保护成为关键问题。未来的通信协议需要提供更强大的加密和认证机制，以确保数据的安全性和用户的隐私。

多模式通信：由于物联网中存在多样化的设备和通信需求，未来的通信协议可能会趋向于支持多模式通信，使设备能够根据不同场景灵活切换通信模式。

低功耗技术的进一步发展：物联网设备通常需要长时间运行，因此低功耗技术的发展将继续是一个关键的趋势，以延长设备的电池寿命。

标准化和互操作性：随着物联网的不断发展，通信协议的标准化将变得更加重要，以促进不同设备和系统的互操作性。

然而，物联网通信面临着一些挑战，如网络拥塞、频谱管理、标准不一等问题。解决这些挑战将需要产业界、学术界和政府的共同努力。

物联网通信协议作为连接智能世界的纽带，发挥着至关重要的作用。不同的协议适用于不同的场景和设备，其选择应基于具体应用的需求。未来，随着物联网技术的不断发展，通信协议将继续演变以适应新的需求和挑战，推动物联网在各行各业的广泛应用。通过不断改进和创新，物联网通信协议将更好地支持智能化、自动化的未来。

第四节　5G 及其未来发展

一、5G 技术与标准

第五代移动通信技术（5G）是当前信息和通信技术领域中备受关注的话题之一。它被认为是一项革命性的技术，将为人类社会带来巨大的变革。本书将探讨 5G 技术的关键特性、应用场景和国际上的标准制定情况，以期为读者提供对这一新兴技术的全面了解。

（一）5G技术的关键特性

1. 更高的数据速率

5G技术的最显著特点之一是其更高的数据传输速率。相对于前几代移动通信技术，5G能够提供更快的下载和上传速度，实现更加高效的数据传输。这为高清视频、虚拟现实（VR）和增强现实（AR）等应用提供了更加稳定、流畅的用户体验。

2. 低延迟

5G致力于将通信延迟降至最低水平。低延迟是关键，尤其对于需要实时互动的应用，如远程医疗、自动驾驶汽车和工业自动化等。通过减少信号传输的时间，5G将在各行各业推动更多实时性强的创新应用。

3. 大容量

随着物联网的不断发展，连接的设备数量急剧增加。5G技术通过提供更大的网络容量，能够支持数十亿个设备同时连接。这对于构建智能城市和智能工厂等复杂的物联网系统至关重要。

4. 多连接性

5G技术将支持更多种类的设备连接，包括传统的智能手机、平板电脑，以及物联网设备、传感器等。这种多连接性有助于构建更为灵活和综合的通信网络。

（二）5G应用场景

1. 增强移动宽带

5G的首要应用场景之一是提供更快速、更稳定的移动宽带服务。这将使用户在移动设备上体验更高质量的视频流、实时游戏和其他大容量数据传输服务。

2. 物联网

5G 的发展为物联网提供了更好的支持。通过更高的容量和连接密度，5G 可以连接各种各样的传感器和设备，支持智能城市、智能家居、智能工厂等应用的快速发展。

3. 远程医疗

低延迟和高可靠性是 5G 在医疗领域的重要应用之一。远程手术、远程诊断和实时监测等应用将更加可行，为医疗服务带来了全新的可能性。

4. 智能交通

5G 技术有望推动智能交通系统的发展。自动驾驶汽车、交通监控和智能交通灯等应用将受益于低延迟和高速率的特性。

5. 工业自动化

在工业领域，5G 的高可靠性和低延迟将推动工业自动化的发展。机器人、传感器和其他自动化设备将能够更快速地协同工作，提高生产效率。

（三）国际上的 5G 标准

制定统一的国际标准对于 5G 的成功发展至关重要。截至本书撰写时，国际电信联盟（ITU）和第三代合作伙伴计划是推动 5G 标准化的两个主要组织。

1. 国际电信联盟（ITU）

ITU 是联合国下属的一个专门机构，负责电信和信息技术标准的制定。ITU 对 5G 的标准化工作主要包括 IMT-2020（国际移动电信 2020）

标准。IMT-2020 定义了 5G 的关键性能指标，如数据速率、延迟和连接密度等。

2. 第三代合作伙伴计划（3GPP）

3GPP 是一个全球合作组织，致力于发展和制定移动通信标准。5G 的标准化工作由 3GPP 牵头，分为多个阶段。Release 15 是 5G 标准的第一个版本，于 2018 年 6 月完成，而后续版本逐步完善了标准，并引入了更多的功能和性能。

（四）5G 的挑战和未来发展

1. 挑战

尽管 5G 技术前景广阔，但它也面临一些挑战。

基础设施投资：5G 的建设需要大量资金投入，包括新的基站、光纤网络和其他基础设施的建设。

频谱管理：为了实现高速率和低延迟，5G 需要更多的频谱资源。然而，频谱资源是有限的，频谱的分配和管理将是一个复杂的问题。

安全性和隐私：随着 5G 连接的设备和应用增加，安全性和隐私成为关键问题。网络的安全性需得到强化，以防范各种网络攻击和数据泄露。

社会接受度：新技术的推广往往受到社会接受度的制约。一些人对于辐射和个人隐私的担忧可能影响 5G 技术的部署。

2. 未来发展

尽管存在挑战，5G 仍然被认为将在未来的通信领域发挥重要作用。以下是未来 5G 技术的发展方向。

6G 技术研究：尽管 5G 还在逐步部署和完善中，但全球已经开始对 6G 技术进行研究。6G 有望在更远的未来实现更高的数据速率、更低的延迟和更多的连接性。

边缘计算的融入：随着边缘计算的兴起，未来 5G 网络将更加融入边缘计算体系，实现更加智能、高效的数据处理和分发。

拓展应用领域：5G 技术将进一步拓展其应用领域，涵盖更多垂直行业，如智能能源、智能农业、智能教育等，为社会的各个方面带来更多的创新。

标准化的进一步完善：随着技术的发展，5G 的标准将不断更新和完善。这需要各国和产业界的合作，以推动全球范围内的 5G 标准化。

5G 技术作为移动通信领域的一项重要创新，将对人类社会产生深远影响。其更高的数据速率、低延迟、大容量和多连接性等特点，使得各种新兴应用得以实现，从而推动了物联网、智能城市、工业自动化等领域的发展。然而，5G 技术的推广仍面临一些挑战，需要各方共同努力解决。

在国际标准化方面，ITU 和 3GPP 的工作为 5G 的全球部署提供了有力支持。标准的不断完善和更新将促进全球范围内的 5G 技术的一致性和互操作性。

未来，5G 技术有望继续发展，拓展应用领域，推动新一轮的科技革命。同时，对于 5G 的推广和应用，需要平衡技术发展与社会接受度、安全性和隐私等方面的考量，以确保其在实际应用中能够带来最大的社会和经济效益。

二、5G 在工业领域的应用

第五代移动通信技术作为一项革命性的技术，不仅在个人通信领域表现出色，也在工业领域引起了巨大的关注。5G 技术以其高速、低延迟、大容量和多连接性等特点，为工业带来了新的机遇和变革。本书将探讨 5G 在工业领域的应用，探讨其对工业自动化、智能制造、远程监测等方面的影响。

（一）工业 4.0 的推动者

1. 工业 4.0 概述

工业 4.0 是指通过物联网、大数据、云计算和人工智能等先进技术的整合，实现制造业的数字化、网络化、智能化的转型。在工业 4.0 的理念下，生产系统变得更加灵活、智能，企业能够更好地适应市场需求的变化。

2. 5G 作为关键推动者

5G 技术被认为是工业 4.0 的关键推动者之一。其高速率、低延迟和大容量的特性，为实现工业设备的高效互联、实时数据传输和智能决策提供了坚实的基础。以下是 5G 在工业 4.0 中的主要应用。

（二）工业自动化

1. 低延迟的关键作用

在工业自动化中，低延迟是至关重要的。5G 的低延迟特性（通常在毫秒级别）允许工业机器人和自动化系统实现实时响应。这对于需要高度精准控制的生产环境非常关键，如在装配线上的机器人协同作业。

2. 机器人协同

5G 的高速率和多连接性允许多个机器人同时协同工作，而无须担心通信瓶颈。这种机器人协同可以提高生产效率，降低制造成本，并使生产线更加灵活适应市场需求的变化。

3. 远程控制

5G 技术使得远程控制变得更加可行。通过使用 5G 网络，操作人员可以实时监测和操控远程设备，这对于一些危险环境或者难以访问的场所具有重要意义。例如，在石油平台上的设备维护，或者在深海的海底勘探。

（三）智能制造

1. 实时数据传输

智能制造要求对生产中的大量数据进行实时监测和分析。5G 的大容量和高速率使得实时数据传输成为可能。生产线上的传感器、摄像头等设备可以通过 5G 网络将实时数据传输到云端，实现对整个制造过程的实时监测。

2. 边缘计算的结合

5G 技术与边缘计算的结合为智能制造提供了更好的解决方案。边缘计算允许在离数据源更近的地方进行数据处理，降低了延迟并减轻了云端的负担。这对于需要实时决策的智能制造系统非常重要。

3. 定制化生产

5G 技术的高度灵活性使得定制化生产变得更加可行。通过即时通信和实时数据分析，生产线可以迅速调整以满足不同客户的个性化需求，从而实现小批量、多样化生产。

（四）远程监测与维护

1. 5G 在远程监测中的应用

5G 技术为设备的远程监测提供了更好的条件。设备传感器产生的数据可以通过 5G 网络传输到远程数据中心，工程师可以实时监测设备的运行状态、预测故障并进行远程维护。

2. 航空、能源、交通等领域的应用

在一些需要广泛分布的设备的领域，如航空、能源和交通等，5G 的远程监测和维护能力表现得尤为突出。例如，通过 5G 网络，风力发电场的风力机组可以实现实时监测和维护，提高发电效率。

（五）安全性和隐私保护

1. 安全性挑战

随着工业设备的互联，安全性成为一个重要的挑战。5G 技术本身提供了更高级别的加密和认证机制，但是在工业领域的具体应用中，仍需关注网络的安全性。

2. 隐私保护

工业设备的互联意味着大量的数据会在网络上传输，因此隐私保护也成为一个必须认真对待的问题。在采集、传输和存储数据时，必须采取有效的隐私保护措施，以确保工业数据的安全性和隐私性。

（六）5G 在特定工业领域的应用案例

1. 制造业

在制造业中，5G 技术的应用已经取得了一些显著的成果。

智能工厂：利用 5G 技术，制造企业能够构建智能工厂，实现生产过程的数字化和自动化。通过工厂内设备的实时互联，生产计划和调度能够更加灵活和智能。

远程维护：5G 技术支持远程设备的实时监测和维护。工程师可以通过网络实时查看设备状态，进行故障诊断和维护操作，从而减少停机时间和维修成本。

2. 航空航天

在航空航天领域，5G 技术为实现更智能、高效的航空运输提供了新的可能性。

智能机场：利用 5G 技术，机场能够实现更高效的航班调度、行李追踪和安全监控。无人机巡逻、智能停车等应用也能够提升机场运营效率。

航空维修：5G 技术使得飞机在地面进行维修时，工程师可以通过远程监测和指导进行更加精准和高效的维护工作。

3. 能源领域

在能源领域，5G 技术对能源的生产、传输和使用都有积极的影响。

智能电网：5G 技术可以使电力系统更加智能化和灵活。通过实时监测和控制，电力公司能够更好地应对能源需求波动，提高电网的稳定性。

远程监测：在油气行业，通过 5G 技术，能够实现对井口、管道等设备的远程监测，减少人工巡检的成本和风险。

（七）5G 在未来工业发展中的挑战和展望

1. 挑战

虽然 5G 技术在工业领域有着广泛的应用前景，但也面临一些挑战。

投资和建设成本：为了在工业场景中实现 5G 覆盖，需要大量的基础设施投资。这包括新的基站建设、网络设备更新、网络管理和维护。

标准化的挑战：不同地区和厂商对于 5G 的实施可能存在一些标准化的差异，这可能导致互操作性和整体系统的一致性方面的问题。

安全性问题：工业系统的互联意味着更多的数据传输，因此安全性问题变得尤为突出。防范网络攻击、数据泄露等安全威胁是一个长期的挑战。

2. 展望

尽管面临挑战，5G 在工业领域的应用仍有广阔的发展前景。

更广泛的智能化应用：随着 5G 技术的普及，工业设备将更广泛地实现智能化。从智能传感器到智能机器人，工业系统将变得更加灵活和自适应。

创新的业务模式：5G 的高速率和低延迟将促使企业探索创新的业务模式。远程服务、设备即服务等模式将进一步发展，促使工业企业更好地适应市场需求。

产业升级：5G 技术的应用将推动工业产业的升级。制造业、航空航天、能源等领域将更加智能、高效，从而推动整个产业链的升级。

物联网生态系统的建立：5G 作为连接物联网设备的关键技术，将推动物联网生态系统的建立。设备、传感器、机器人等可以更加无缝地互联，形成更加智能和高效的工业生态系统。

数字孪生技术的发展：在 5G 技术的支持下，数字孪生技术将得到更广泛的应用。通过数字孪生，企业可以在虚拟环境中模拟和优化生产过程，提高生产效率和质量。

区块链与 5G 的结合：区块链技术的引入可以加强对工业数据的安全性和可追溯性。通过将区块链与 5G 结合，可以建立更加可信赖的数据交换机制，有助于解决数据安全和隐私保护的问题。

5G 技术在工业领域的应用带来了深远的影响，推动着工业向智能化、数字化、网络化的方向迈进。通过实现低延迟、高速率、大容量和多连接性，5G 为工业自动化、智能制造、远程监测等领域提供了全新的解决方案，使得工业系统更加灵活、智能和高效。

然而，5G 在工业领域的应用仍面临一系列的挑战，包括投资成本、标准化问题和安全性隐患等。为了更好地发挥 5G 技术的优势，各方需要共同努力，推动技术标准的统一，加强网络安全，降低部署和维护成本。

随着 5G 技术的不断发展和完善，工业领域将迎来更多的创新应用和业务模式。5G 与其他先进技术的结合，如人工智能、物联网、区块链等，将为工业带来更多可能性，促使产业实现更高水平的数字化转型。在未来，5G 技术将继续推动工业发展，助力各行各业迎接数字化时代的挑战与机遇。

三、6G 通信的前瞻

随着科技的不断发展，移动通信技术也在不断演进。第六代移动通信技术（6G）作为对 5G 的进一步发展，被寄予厚望，被认为将引领未来通信领域的新潮流。本书将探讨 6G 通信的前瞻，包括其核心特征、应用场景、国际标准化情况和对社会、经济的潜在影响。

（一）6G 通信的核心特征

1. 更高的数据速率

相较于 5G，6G 通信的最显著特征之一是更高的数据速率。预计 6G 将在各方面实现显著的性能提升，提供更快速、更强大的数据传输能力，使得各种大容量、高带宽的应用得以更加顺畅的运行。

2. 超低延迟

6G 通信将进一步降低通信的延迟，将其减少到毫秒以下的水平。这对于需要实时互动、无感知延迟的应用场景，如远程医疗、智能交通等，将提供更为理想的通信环境。

3. 更大的连接密度

随着物联网的不断发展，连接的设备数量将呈爆炸性增长。6G 通信将支持更大的连接密度，能够同时连接数以百亿计的设备，从而构建更为庞大而复杂的物联网系统。

4. 异构网络整合

6G 将进一步整合各种网络，包括卫星通信、光通信、微波通信等，形成一个强大而高效的异构网络。这将提高网络的可靠性，实现更全面的覆盖和更稳定的通信服务。

（二）6G 应用场景

1. 超高清多媒体

由于更高的数据速率和更大的带宽，6G 通信将推动超高清多媒体应用的普及。无损的视频、虚拟现实和增强现实体验将成为日常通信的常态。

2. 智能城市

6G 通信将为智能城市的发展提供强大支持。更高的连接密度和更低的延迟将使城市基础设施更加智能化，包括智能交通、智能能源管理、智能安防等方面的应用。

3. 超远程医疗

6G 通信的超低延迟和高可靠性将使得超远程医疗成为可能。医生可以通过远程操控手术机器人进行手术，实现医疗资源的全球化共享。

4. 智能交通

6G 通信将进一步推动智能交通系统的发展。自动驾驶汽车、交通信号灯的智能调度等将成为常态，提高交通系统的安全性和效率。

5. 虚拟人工智能

6G 通信将为虚拟人工智能提供更多的支持。通过更高的数据速率和更低的延迟，用户可以更流畅地与虚拟助手、虚拟现实场景进行交互。

（三）国际上的 6G 标准化

尽管 6G 技术目前仍处于研究和探索阶段，但国际上已经开始关注 6G 的标准化工作。各国、企业和国际组织纷纷展开研究，探讨 6G 通信的关键标准，以确保未来 6G 的互操作性和全球一致性。

（四）6G 的潜在影响

1. 对经济的推动

6G 通信的推出将在全球范围内创造巨大的经济价值。新的应用场景和商业模式的涌现将推动各行各业的创新和发展，为经济注入新的动力。

2. 对社会的改变

6G 通信将进一步改变人们的生活方式。超高速的通信和更智能的应用将使得人们能够更方便地获取信息、享受娱乐、处理工作，也将推动社会朝着数字化、智能化的方向发展。

3. 对行业的变革

6G 通信将深刻改变各行各业的运作方式。制造业、医疗、教育等行业将迎来数字化转型的加速，新的商业模式和服务将不断涌现。

（五）6G 的挑战与未来发展

1. 技术挑战

6G 通信技术的发展面临着一系列技术挑战。超高频率下的通信、天线技术、能耗问题等都需要得到解决。同时，6G 的推动也需要更先进的芯片技术、更高效的能源管理和更可靠的网络安全保障。

2. 社会和伦理问题

随着 6G 通信的普及，涉及个人隐私、数据安全和伦理问题的挑战将日益凸显。如何在保障个人隐私的前提下实现大规模数据的收集和分析，以及如何规范和管理人工智能在各个应用领域的使用，都是需要深入思考和解决的问题。

3. 投资和成本

6G 通信的发展需要庞大的投资和研发成本。从基础设施的建设到新技术的研发，都需要巨额资金支持。同时，各国、企业和研究机构之间的协作也是推动 6G 发展的关键。

4. 生态和可持续性

6G 通信的快速发展可能带来更多的电磁辐射和电子废弃物等环境问题。在追求技术进步的同时，需要考虑其对生态系统和可持续性的影响，制定相应的环保政策和技术规范。

未来，随着技术的不断突破和解决了上述挑战，6G 通信有望在以下方面实现更大的发展。

5. 完善的物理层技术

6G 通信需要在更高的频段进行通信，需要突破更多的技术难题。新的天线技术、更高效的信号处理和传输技术将成为研究和发展的重要方向。

6. 智能网络管理

未来的 6G 网络将更加复杂，需要更智能、自适应的网络管理系统。通过引入人工智能、机器学习等技术，实现网络的自我优化和管理，提高网络的稳定性和效率。

7. 强化网络安全

随着通信技术的发展，网络攻击和数据泄露等安全问题也将变得更为严峻。因此，6G 通信需要在设计阶段就充分考虑网络安全，采取更多的措施保护用户的隐私和数据安全。

6G 通信作为下一代移动通信技术的代表，将在数据速率、延迟、连接密度等方面实现显著的提升，为未来的通信应用场景带来巨大的创新机会。从超高清多媒体到智能城市、虚拟人工智能等领域，6G 通信将深刻影响社会、经济和各行业。

然而，6G 通信的发展依然面临着一系列的技术、社会、伦理等方面的挑战。解决这些挑战需要各方的共同努力，包括国际合作、行业协同和跨学科研究。只有克服这些挑战，6G 通信才能真正成为连接未来的创新蓝图，为人类社会的进步和发展提供更加强大、可靠的通信基础。

第五节　无线数据通信安全

一、无线通信安全基础

　　无线通信安全是指保护无线通信系统免受恶意攻击和未经授权的访问，确保数据的保密性、完整性和可用性。随着无线技术的广泛应用，无线通信安全问题变得日益重要。本书将讨论无线通信安全的基础知识，包括常见的攻击手段、安全协议和防御措施。

　　（一）无线通信的安全挑战

　　1. 无线信道的开放性

　　无线通信通过空气传输数据，信号容易受到窃听和干扰，使得信息泄漏的风险增加。

　　2. 无线信号的传播特性

　　无线信号容易受到信号衰减和传播路径的影响，导致信号被拦截、干扰或篡改。

　　3. 移动设备的易失性

　　无线通信涉及移动设备，这些设备易于遗失或被盗，从而暴露敏感信息。

（二）常见的无线通信安全攻击手段

1. 窃听

攻击者通过监听无线信号，获取传输的数据，威胁通信的机密性。

2. 中间人攻击

攻击者伪装成通信双方之一，截获并篡改数据，危害通信的完整性。

3. 信号干扰

攻击者通过发射干扰信号，影响正常的通信过程，可能导致服务中断。

（三）无线通信安全协议

1. WPA/WPA2/WPA3

这些协议用于保护 Wi-Fi 网络，通过加密通信数据和使用预共享密钥（PSK）来验证用户身份。

2. SSL/TLS

SSL/TLS 用于保护 Web 通信，确保在客户端和服务器之间的数据传输是加密的和安全的。

3. VPN

VPN 通过加密通信数据，在公共网络上建立私人网络，提供安全的远程访问和通信。

（四）无线通信安全防御措施

1. 加密

使用强加密算法，如 AES，保护通信数据的机密性。

2. 身份验证

采用有效的身份验证机制，防止中间人攻击，确保通信双方的身份合法。

3. 防火墙和入侵检测系统

部署防火墙和入侵检测系统，监控网络流量，及时识别和阻止潜在的攻击。

4. 定期更新和维护

保持无线设备和安全协议的更新，及时修补漏洞，提高系统的安全性。

（五）未来的发展方向

1. 5G 网络安全

随着 5G 技术的普及，对于 5G 网络的安全性要求更高，需要开发新的安全协议和技术。

2. 物联网安全

随着物联网的发展，大量设备互联，对物联网的安全性提出了新的挑战，需要采取全面的安全措施。

3. 量子通信安全

量子通信作为一种新兴的通信方式，具有更高的安全性，未来有望成为无线通信领域的重要发展方向。

总体而言，无线通信安全是一个不断发展的领域，需要综合运用加密技术、身份验证、防火墙等多种手段，以应对不断演变的安全威胁。随着技术的不断进步，未来将有更多创新的解决方案出现，为无线通信提供更强大的安全保障。

二、无线网络攻防技术

无线网络的广泛应用使得其安全性问题备受关注。随着技术的不断发展，网络攻击手段也在不断升级，因此无线网络的安全防御变得尤为重要。本书将介绍无线网络攻防技术，涵盖无线网络的攻击手段和防御策略，以及当前的技术趋势。

（一）无线网络攻击手段

1. 空中嗅探攻击

空中嗅探是通过监听无线网络传输的数据包来获取敏感信息的一种攻击手段。黑客可以使用无线网络嗅探工具捕获未加密的数据包，从而窃取用户的账户信息、密码等。

2. 伪造攻击

伪造攻击是指黑客通过伪装成合法接入点或设备，引诱用户连接，并窃取其信息。这种攻击手段常见于公共场所，如咖啡馆、机场等，用户连接后，黑客便可以监视其通信或进行中间人攻击。

3. 信号干扰攻击

信号干扰攻击是通过发送干扰信号来阻断目标无线网络的正常通信。这可能导致网络中断、服务质量下降，甚至是拒绝服务攻击。

4. 中间人攻击

中间人攻击是指黑客通过截获通信流量，并在通信过程中修改或篡改数据。这种攻击可能导致信息泄露、数据篡改，甚至是恶意软件注入。

（二）无线网络防御技术

1. 加密技术

为了防止空中嗅探攻击和伪造攻击，使用强大的加密算法是至关重要的。WPA3 是一种目前广泛使用的无线网络加密标准，提供更高级别的安全性。

2. 身份验证和访问控制

有效的身份验证和访问控制是防范伪造攻击的关键。使用强密码、多因素身份验证等手段可以提高网络的安全性，确保只有授权用户能够连接到网络。

3. 信号干扰检测与对抗

为了应对信号干扰攻击，可以使用信号干扰检测技术，及时发现异常信号，并采取相应的对抗措施。这可能包括调整频率、使用防干扰设备等。

4. 安全更新和漏洞修补

及时更新无线网络设备的固件和软件是防范中间人攻击等漏洞利用的有效手段。定期进行安全审计，及时修补已知漏洞，有助于提高系统的整体安全性。

（三）当前技术趋势

1. 5G 技术的应用

5G 技术的普及将为无线网络安全带来新的挑战和机遇。高速、低时延的特性使得攻击者有可能进行更快速、更复杂的攻击，同时也为网络安全提供了更先进的技术手段，如网络切片等。

2. 人工智能与机器学习

人工智能和机器学习技术在网络安全领域的应用逐渐增多。这包括行为分析、异常检测等方面的应用，通过学习网络正常行为模式，及时发现异常行为，从而提高网络的安全性。

3. 物联网安全

随着物联网的发展，越来越多的设备连接到无线网络，增加了网络攻击的表面。物联网安全需要综合考虑设备的物理安全、通信安全等多个方面，以保护整个生态系统的安全性。

无线网络攻防技术是一个不断演变的领域，随着技术的发展，新的攻击手段和防御策略不断涌现。通过采用先进的加密技术、身份验证手段、信号干扰检测等措施，可以有效提升无线网络的安全性。同时，关注当前技术趋势，积极应用 5G、人工智能等技术，是保障未来网络安全的关键。在不断学习和更新的过程中，网络安全专业人士能够更好地维护无线网络的稳定和安全。

三、量子通信在无线中的应用

随着信息技术的迅猛发展，人们对于通信安全性的需求日益增加。传统的加密算法在量子计算的威胁下可能变得不再安全，于是量子通信应运而生。量子通信以其基于量子力学的安全性特性，为信息传输提供了全新的解决方案。在这一背景下，本书将探讨量子通信在无线网络中的应用。

（一）量子通信基础

1. 量子比特和量子纠缠

量子通信的基础是量子比特，与传统比特不同的是，量子比特具有叠加和纠缠的特性。这使得在信息传输中能够实现更为安全的通信方式。

2. 量子密钥分发

量子密钥分发（QKD）是量子通信的核心技术之一。通过使用量子比特的性质，QKD 允许两个远距离通信方安全地生成一个共享的密钥，而不会被窃取。这为无线网络提供了更为可靠的加密手段。

（二）量子通信在无线网络中的应用

1. 量子安全的无线通信

无线通信中，特别是在移动通信和互联网传输中，数据的安全性一直是一个重要的关切点。量子通信通过其基于物理学规律的安全性，为无线通信提供了更高级别的数据保护。量子密钥分发技术可用于加密无线通信，避免窃听和破解。

2. 量子随机数生成

随机数在加密通信中发挥着至关重要的作用。传统的伪随机数生成算法可能存在可预测性，而量子随机数生成则利用了量子不确定性的特性，提供了真正的随机数。这可以在无线网络中增加加密算法的安全性。

3. 量子中继器技术

量子中继器是一种能够增强量子通信距离和可靠性的技术。在无线网络中，特别是在广域和城域的通信中，量子中继器可以扩展量子密钥分发的范围，使得远距离通信更为可行。

4. 量子感应器网络

量子感应器网络结合了量子通信和传感器网络的特点，可以用于在无线环境中进行高度安全的数据采集。这在一些对数据隐私要求极高的应用场景中尤为有用，如医疗、军事等领域。

（三）量子通信面临的挑战

1. 技术复杂性

量子通信技术相对复杂，需要高度精密的设备和技术。在无线网络中，特别是在移动通信场景中，如何在不影响用户体验的前提下实现量子通信仍然是一个挑战。

2. 量子信号的传输损耗

量子通信中，信号的传输过程容易受到噪声和损耗的影响。在无线通信中，这一问题尤为突出，因为无线信号可能会在空气中传播时遭受更大的干扰。

3. 标准化和实用性

量子通信领域的标准化工作仍在进行中。在无线网络中应用量子通信需要更多的标准化工作，以确保不同厂商和设备之间的兼容性和互操作性。

（四）未来展望

1. 量子互联网的构建

量子互联网的概念正在逐渐形成，其中量子通信将成为构建安全、高效、全球化互联网的关键技术之一。在无线网络中，量子互联网有望为全球范围内的通信提供更为安全和可靠的解决方案。

2. 突破技术瓶颈

随着量子技术的不断发展，量子通信可能会克服目前的一些技术瓶颈，变得更为成熟和可靠。这将使得量子通信在无线网络中更加广泛地应用于各种场景。

量子通信作为一项前沿技术，为无线网络的安全性提供了全新的解决方案。通过量子密钥分发、量子随机数生成、量子中继器技术等手段，可以在无线通信中实现更高级别的安全性。然而，面临的技术挑战仍然存在，需要在技术、标准化和实用性等方面进行深入研究和探索。未来，随着量子技术的不断成熟，量子通信有望在无线网络中发挥越来越重要的作用，为全球通信安全提供更可靠的保障。

第三章

光纤通信技术

第一节　光纤通信基础

一、光纤结构与特性

（一）概述

光纤作为一种重要的信息传输媒介，在现代通信和数据传输中发挥着至关重要的作用。其优越的传输性能和稳定性使得光纤成为主流的通信介质之一。本书将探讨光纤的结构与特性，包括光纤的基本构造、工作原理、传输特性及在通信和其他领域的广泛应用。

（二）光纤的基本构造

1. 光纤的组成

光纤主要由两个部分构成：光芯和包层。光芯是光信号传输的核心部分，通常由高折射率的材料制成，如掺铒的光纤中的掺铒玻璃。包层则包裹在光芯外部，通常采用低折射率的材料，以确保光信号能够完全反射在光芯内部。

2. 护套

光纤的外层通常包括一个护套，用于保护光纤免受物理损害和环境影响。护套可以由各种材料制成，如聚乙烯、聚氯乙烯，具体的选择取决于光纤的使用环境。

3. 多模光纤与单模光纤

根据光芯的直径，光纤可以分为多模光纤和单模光纤。多模光纤的光芯相对较大，能够容纳多个模式的光信号传输；而单模光纤的光芯非常细小，只允许单一模式的光信号通过，因此在长距离传输中具有更低的损耗。

（三）光纤的工作原理

1. 全反射

光纤的基本工作原理是利用光的全反射现象。当光信号从光纤的端面射入光芯时，如果光线的入射角度小于所谓的临界角，光信号将完全反射在光芯和包层的交界面上，从而沿着光纤传播。

2. 多模与单模传输

多模光纤支持多个光模式的传输，适用于短距离通信，如局域网；而单模光纤的光芯非常细小，能够实现更远距离的传输，适用于长距离通信，如跨洲际的光纤通信。

3. 衍射与色散

在光纤传输过程中，由于光的衍射现象和不同波长的光速不同，可能产生色散现象。这通常需要通过特殊设计的光纤结构或使用色散补偿器来进行补偿，以保持信号的稳定性。

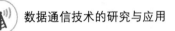

（四）光纤的传输特性

1. 低传输损耗

相比传统的电缆传输，光纤传输具有很低的损耗。在光纤中，光信号经过全反射，几乎不会损失能量，因此能够实现更远距离的传输而不需中继。

2. 高带宽

光纤的高带宽使其成为大容量数据传输的理想选择。通过使用不同波长的光信号，光纤可以支持多路复用技术，大大提高了数据传输的效率。

3. 免受电磁干扰

相比传统的铜质导线，光纤不受电磁干扰的影响，因为光信号是通过光的传播而不是电流。这使得光纤在高电磁干扰环境中更为稳定。

（五）光纤的应用领域

1. 通信领域

光纤在通信领域的应用是最为广泛的。从长距离的跨洲际通信到短距离的局域网，光纤都为信息传输提供了高效、快速和安全的解决方案。

2. 医疗领域

光纤在医疗设备中的应用也日益增加。例如，激光光纤用于进行精确的医学手术，内窥镜中的光纤可传输高质量的图像。

3. 传感技术

光纤传感技术利用光纤的特性，可以实现对温度、压力、拉伸等物理量的高灵敏度测量。这在石油、化工等领域的监测与检测中得到广泛应用。

（六）光纤技术的发展趋势

1. 新材料的应用

随着材料科学的不断进步，新型光纤材料的研发将推动光纤技术的发展。例如，光子晶体光纤、氮化硅光纤等新材料的应用可以改善光纤的传输特性，拓展其在不同领域的应用。

2. 空间分布模式复用

空间分布模式复用是一种利用光纤的多模特性，通过同时使用光纤的不同模式来实现更高的数据传输速率的技术。这一技术有望进一步提高光纤的带宽和传输效率。

3. 量子通信与光纤的结合

量子通信作为一项新兴技术，与光纤的结合有望为信息传输领域带来革命性的变革。量子密钥分发等量子通信技术可以进一步提升光纤通信的安全性。

4. 弹性光网络

弹性光网络是一种新型的光网络架构，它允许灵活地配置和管理光信号的频谱资源，从而提高光纤网络的适应性和资源利用率。这对未来光纤通信的发展具有重要意义。

（七）挑战与未来展望

1. 技术挑战

尽管光纤技术取得了显著的进展，但仍然存在一些技术挑战。光纤连接的微小缺陷、色散问题、非线性效应等都是需要克服的难题。

2. 光纤网络的安全性

随着信息技术的飞速发展，网络安全问题日益凸显。在光纤通信中，特别是在量子通信的应用中，需要解决光纤网络的安全性问题，防范潜在的攻击和窃听。

3. 光纤的普及与成本

光纤网络的建设成本仍然较高，限制了其在一些地区和场景的普及。未来的发展需要在技术提升的同时，降低光纤网络的建设和维护成本。

4. 量子通信的实际应用

虽然量子通信技术在实验室中取得了一些重要的突破，但其在实际应用中的推广还面临一系列挑战。推动量子通信技术从实验室走向商业应用是一个需要克服的重要步骤。

未来，随着科技的不断发展，人们对高速、高带宽、低延迟通信的需求将进一步增长。光纤技术作为目前最为先进的信息传输媒介之一，将继续在通信、医疗、传感、计算等多个领域发挥重要作用。同时，新材料的应用、空间分布模式复用、量子通信的发展等将推动光纤技术不断创新，为信息社会的发展提供更强大的支持。

二、光纤传输原理

（一）概述

光纤传输是一种基于光波传播的高速、远距离、低损耗的信息传输方式。光纤作为一种先进的通信媒介，其传输原理涉及光学、物理和工程等多个领域。本书将探讨光纤传输的原理，包括光纤的基本构造、光的传播方式、传输特性和在通信系统中的应用。

（二）光纤的基本构造

1. 光芯

光纤的核心部分是光芯，它是由高折射率材料构成的。这种高折射率的材料通常是二氧化硅（SiO_2）或氮化硅（Si_3N_4）。光芯是光信号传输的主要通道，其特性直接影响到光纤的传输性能。

2. 包层

光芯外围包裹着一个低折射率的包层。包层的作用是确保光信号在光芯内部进行全反射，防止信号的泄漏。常用的包层材料包括聚合物或氟化物等。

3. 护套

为了保护光纤免受外界环境的物理损伤，光纤通常还包裹有一层护套。护套可以采用聚乙烯（PE）、聚氯乙烯（PVC）等材料，具体的选择取决于光纤的使用环境。

（三）光的传播方式

1. 全反射原理

光纤传输的基本原理是全反射。当光线从光纤的端面射入光芯时，如果光线的入射角度小于所谓的临界角，光信号将完全反射在光芯和包层的交界面上。这样的全反射使得光信号能够沿着光纤的长度传播。

2. 多模与单模传输

光纤可以分为多模光纤和单模光纤。多模光纤的光芯相对较大，能够容纳多个模式的光信号传输；而单模光纤的光芯非常细小，只允许单一模式的光信号通过，因此在长距离传输中具有更低的损耗。

3. 衍射与色散

在光纤传输过程中，光的衍射现象和不同波长的光速不同，可能会产生色散现象。这通常需要通过特殊设计的光纤结构或使用色散补偿器来进行补偿，以保持信号的稳定性。

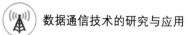

（四）光纤的传输特性

1. 低传输损耗

相比传统的电缆传输，光纤传输具有很低的损耗。在光纤中，光信号经过全反射，几乎不会损失能量，因此能够实现更远距离的传输而不需中继。

2. 高带宽

光纤的高带宽使得其成为大容量数据传输的理想选择。通过使用不同波长的光信号，光纤可以支持多路复用技术，大大提高了数据传输的效率。

3. 免受电磁干扰

相比传统的铜质导线，光纤不受电磁干扰的影响，因为光信号是通过光的传播而不是电流。这使得光纤在高电磁干扰环境中更为稳定。

（五）光纤的应用领域

1. 通信领域

光纤在通信领域的应用是最为广泛的。从长距离的跨洲际通信到短距离的局域网，光纤都为信息传输提供了高效、快速和安全的解决方案。

2. 医疗领域

光纤在医疗设备中的应用也日益增加。例如，激光光纤用于进行精确的医学手术，内窥镜中的光纤可传输高质量的图像。

3. 传感技术

光纤传感技术利用光纤的特性，可以实现对温度、压力、拉伸等物理量的高灵敏度测量。这在石油、化工等领域的监测与检测中得到广泛应用。

4. 高性能计算

光纤还在高性能计算领域得到应用，用于连接计算集群、数据中心等高性能计算设施，以实现高速、低延迟的数据传输。

（六）光纤传输的关键技术

1. 波分复用技术

波分复用技术是一种将不同波长的光信号传输在同一根光纤中的技术。通过分配不同的波长给不同的通信信道，可以实现光纤的多路复用，提高光纤的传输容量和效率。这一技术广泛应用于长距离通信和数据中心连接等领域。

2. 光放大器

光放大器是一种用于放大光信号的设备，常见的类型包括光纤放大器（如光纤放大器）和半导体光放大器。光放大器能够提高光信号在光纤中传输的距离，延长信号的传输距离，降低信号的衰减。

3. 光纤衰减补偿技术

光纤在传输过程中会受到衰减，即信号强度的减小。为了克服衰减，可以采用光纤衰减补偿技术，如光纤衰减补偿模块。这些技术通过增加衰减补偿器，使信号在传输过程中保持较高的强度。

4. 相位调制与解调制技术

在光纤通信中，信息的传输通常采用光的相位来表示。相位调制与解调制技术是一种通过调整光信号的相位来传输信息的方法。这一技术可以提高光纤通信系统的传输速率和效率。

5. 光时域反射技术

光时域反射技术是一种用于检测光纤中事件的技术，如故障或损坏。通过测量光脉冲的反射时间，可以定位并诊断光纤中的问题，提高光纤网络的可靠性和可维护性。

（七）挑战与未来展望

1. 损耗与色散问题

光纤传输中仍然存在一些挑战，如光信号的传输损耗和色散问题。随着通信速率的不断提高，克服这些问题将成为未来研究的重点，以确保光纤传输的稳定性和可靠性。

2. 新型材料与结构设计

新型材料的研发和光纤结构的创新将推动光纤传输技术的发展。例如，光子晶体光纤、空气孔光纤等新型结构的应用有望改善光纤的性能，拓展其在不同领域的应用。

3. 光纤网络的安全性

随着信息技术的迅速发展，网络安全问题成为一个日益突出的挑战。在光纤传输中，特别是在量子通信的应用中，需要不断提升光纤网络的安全性，以应对潜在的攻击和窃听。

4. 量子通信的发展

量子通信作为新兴技术，与光纤的结合将推动通信领域的革新。量子密钥分发、量子隐形传态等技术有望在光纤通信中实现更高级别的安全性和隐私保护。

未来，随着科技的不断进步，人们对于更高速、更高带宽、更低延迟的通信需求将不断增加。光纤传输技术作为当前最先进的信息传输媒介之一，将继续在通信、医疗、传感、计算等多个领域发挥关键作用。

通过克服当前技术面临的挑战，并持续进行创新研究，光纤传输技术有望在未来进一步推动信息社会的发展。

三、光纤调制解调技术

（一）引言

光纤调制解调技术是光通信系统中至关重要的一部分，它涉及将电子信号转换为光信号以进行传输（调制），以及将接收到的光信号还原为电子信号（解调）。这一技术在高速、大容量、远距离的通信系统中发挥着关键作用。本书将探讨光纤调制解调技术的基本原理、常见调制解调技术和其在光通信系统中的应用。

（二）光纤调制原理

光纤调制是将电子信号转换为携带信息的光信号的过程。这一过程涉及改变光信号的某些属性，通常是光的强度、频率或相位，以携带电子信号中的信息。

1. 强度调制

强度调制是通过调整光波的强度来携带信息的一种常见方式。调制器会根据输入的电子信号调整光的强度，使得光的强度随时间变化，从而携带上行传输的信息。常见的调制器有电吸收调制器和电各向异性调制器。

2. 相位调制

相位调制则是通过调整光波的相位来携带信息。当电子信号改变时，光波的相位也相应变化。相位调制通常能够提供更高的调制速度和更大的传输容量。主要的相位调制方式包括二进制相移键控（BPSK）、四进制相移键控（QPSK）等。

3. 频率调制

频率调制是通过调整光波的频率来传输信息的一种方式。然而，频率调制在光通信中的应用相对较少，因为它对设备的要求较高，而且相比强度调制和相位调制来说，调制速度较低。

（三）光纤解调原理

光纤解调是将携带信息的光信号还原为电子信号的过程。这一过程通常包括将光信号转换为电流信号，并通过信号处理电路还原原始的电子信号。

1. 光电探测器

光电探测器是常用于光纤解调的关键组件。它的工作原理是将光信号转换为电流信号。光电探测器主要有光电二极管（PD）和光电探测二极管（APD）两种。PD 适用于低速长距离通信，而 APD 则更适用于高速短距离通信。

2. 直接检测与相干检测

光纤解调的方法主要包括直接检测和相干检测两种。

直接检测是通过光电探测器直接将光信号转换为电流信号。这种方法简单且成本较低，但在高速长距离通信中存在一些限制。

相干检测则是利用光信号的干涉效应，将光信号与一个本地振荡器（局部振荡器）进行干涉。这样的方法能够实现更高的解调速度和更远的传输距离，但设备复杂且成本较高。

（四）常见调制解调技术

1. 调制技术

（1）二进制调制

二进制调制是最简单的调制方式，主要包括二进制振幅调制（BAM）

和二进制相位调制（BPM）。

BAM 通过改变光波的振幅来传输信息，常用于短距离通信。

BPM 则通过改变光波的相位来传输信息，适用于高速通信系统。

（2）相移键控（PSK）

相移键控是一种通过改变光波相位的调制方式。常见的 PSK 包括 BPSK（Binary PSK）和 QPSK（Quadrature PSK）。PSK 技术适用于高速通信，能够提高频谱利用率。

（3）正交振幅调制（QAM）

QAM 是一种同时调制振幅和相位的方法，可以在有限的频谱范围内传输更多的信息。16QAM 和 64QAM 等高阶 QAM 技术在提高传输容量方面表现出色。

2. 解调技术

（1）共轭调制解调

共轭调制解调是一种利用相干光检测技术的高级解调方法。它通过与本地振荡器的干涉来提高解调的灵敏度和速度，适用于长距离高速通信系统。

（2）直接检测解调

直接检测解调是一种简单直接的解调方法，其中光信号通过光电二极管或光电探测二极管直接转换为电流信号。这种方法成本较低，适用于某些短距离通信系统。

（3）光相干检测解调

光相干检测解调是一种高效的解调技术，特别适用于长距离、高速的通信系统。通过与一个本地振荡器（局部振荡器）进行干涉，提高了系统的抗噪声性能和传输距离。

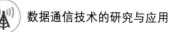

（五）光纤调制解调技术在通信系统中的应用

1. 光通信系统

光纤调制解调技术在光通信系统中扮演着核心角色。在长距离的光纤通信中，相干调制解调技术被广泛应用，以提高系统的传输性能和可靠性。高阶调制技术如 QAM 也在高容量通信系统中得到应用。

2. 直调光通信

直调光通信系统使用的是强度调制，将电子信号直接转换为光强度的变化。这种系统通常简单、成本较低，适用于短距离高速通信，例如数据中心内部的连接。

3. 光无线通信

光纤调制解调技术在光无线通信中也有应用。通过在光纤与光无线之间进行调制解调，可以实现高速、稳定的光无线通信，适用于一些特殊环境或需要大带宽的场景。

（六）挑战与未来展望

1. 调制解调速度

随着通信需求的不断增长，对调制解调速度的要求也在不断提高。未来的挑战之一是如何实现更高速率的调制解调技术，以适应日益增长的数据传输需求。

2. 抗噪声性能

在长距离传输中，光信号可能会受到各种噪声的影响，影响解调性能。因此，提高调制解调系统的抗噪声性能是一个重要的研究方向，以确保稳定的信号传输。

3. 新型材料和器件

新型材料和器件的发展将推动光纤调制解调技术的创新。例如，光子晶体光纤、二维材料等的引入可能改变传统的调制解调器件结构，提高系统的性能和效率。

4. 量子通信与光纤调制解调的融合

随着量子通信技术的发展，将量子通信与光纤调制解调技术融合起来，有望实现更加安全、高效的通信系统。这需要在光纤调制解调技术中引入一些量子通信的特有技术，以应对未来通信的安全性需求。

光纤调制解调技术作为光通信系统的核心组成部分，不断演进以适应日益增长的通信需求。从简单的强度调制到复杂的相位调制，再到相干检测技术的应用，调制解调技术在提高传输速率、延伸传输距离、增加通信容量等方面发挥着关键作用。随着技术的不断创新，光纤调制解调技术将继续引领光通信技术的发展，为未来信息社会的建设提供强大支持。

第二节　光网络与光传输系统

一、光网络拓扑与架构

（一）概述

随着信息技术的飞速发展，光网络作为一种高性能、高带宽、低延迟的通信网络形式，逐渐成为满足现代通信需求的重要选择。光网络的拓扑与架构设计对其性能、可靠性和可扩展性都有着重要影响。本书将探讨光网络的拓扑结构和架构设计，涵盖光网络的基本概念、常见拓扑结构、架构类型和未来发展趋势。

（二）光网络基本概念

1. 光网络简介

光网络是一种利用光信号进行信息传输的通信网络。相较于传统的电信号传输方式，光网络具有更高的传输速率、更低的信号衰减、更大的带宽等优势。它通常基于光纤作为传输介质，可以满足日益增长的数据传输需求。

2. 光网络的基本组成

光网络的基本组成包括光纤、光放大器、波分复用器、光开关、光交换机等。光纤负责光信号的传输，光放大器用于增强信号强度，波分复用器实现多波长信号的传输，而光开关和光交换机则用于控制信号的路由和切换。

（三）光网络拓扑结构

1. 星形拓扑

星形拓扑是一种以中心节点为核心，其他节点通过光纤直接与中心节点相连的结构。这种拓扑结构简单，易于管理，但容易受到单点故障的影响，且扩展性有一定限制。

2. 环形拓扑

环形拓扑是将光纤按环形连接的方式布置，每个节点与相邻节点相连。环形拓扑避免了单点故障，但在数据传输时可能需要经过多个节点，导致一定的传输延迟。

3. 树形拓扑

树形拓扑是通过连接多个星形拓扑或环形拓扑形成的层级结构。树形拓扑可以在一定程度上平衡了星形拓扑和环形拓扑的优缺点，提供了一定的可扩展性和容错性。

4. 网状拓扑

网状拓扑是一种节点之间通过多条光纤直接相连的结构，节点之间存在多条通路。这种拓扑结构具有高度的可靠性和冗余性，但也带来了较高的建设和维护成本。

5. 超图拓扑

超图拓扑引入了概念超边，表示多个节点之间的连接关系。这种拓扑结构能够更灵活地表达节点之间的关联，提高了网络的适应性。

（四）光网络架构类型

1. 传统光网络

传统光网络采用静态的波分复用技术，通常由固定的光路构成。这种架构类型适用于一些固定的通信场景，但在应对动态和灵活的通信需求上存在一定局限性。

2. 弹性光网络

弹性光网络引入了灵活的频谱资源分配和光开关技术，使得网络能够根据实际需求实现灵活的频谱配置和路由切换。弹性光网络具有更高的灵活性和适应性，能够更好地满足不断变化的通信需求。

3. 光包交换网络

光包交换网络采用光包交换技术，将数据以包的形式进行传输。相比传统的电包交换网络，光包交换网络具有更高的带宽和更低的传输延迟，适用于对实时性要求较高的应用场景。

4. 软件定义光网络

软件定义光网络（SDON）采用软件定义网络（SDN）的理念，将网络的控制平面与数据平面分离，通过灵活的网络控制实现对光网络的动态管理和优化。SDON 提供了更高级别的网络编程和自动化管理，使得网络更易于配置和调整。

（五）光网络的应用领域

1. 远距离通信

光网络在远距离通信中具有明显优势，其低衰减和高带宽的特性使其成为长距离通信的理想选择。特别是在跨洲际和跨海底的通信链路中，光网络得到广泛应用。

2. 数据中心互连

在大规模数据中心中，光网络能够提供高容量、低延迟的互连解决方案。通过采用高速光纤连接，数据中心内部的服务器和存储设备可以实现高效的数据交换和通信，满足大规模数据处理和存储的需求。

3. 短距离高速通信

光网络的高带宽和低延迟使其在短距离高速通信领域得到广泛应用。例如，在城域网和校园网中，光网络可以支持高速数据传输，适应对大容量、高速率的通信需求。

4. 无线通信接入

光网络也在无线通信接入中发挥着关键作用。通过光纤与光无线的结合，可以实现高速、高容量的接入网络，为无线通信提供更大的带宽和更低的传输延迟。

（六）光网络的挑战与未来展望

1. 挑战

（1）光信号失真与衰减

在长距离传输中，光信号会受到失真和衰减的影响，影响信号的质量和传输距离。如何克服光信号失真和衰减，提高光网络的稳定性是一个挑战。

（2）高成本与建设困难

光网络的建设和维护成本相对较高，尤其是在需要铺设光纤的远距离和复杂地形环境中。高成本和建设困难限制了光网络的广泛应用。

2. 未来展望

（1）异构网络融合

未来光网络的发展趋势之一是将光网络与其他网络形式（如无线网络、卫星网络）进行融合，构建异构网络。这样的融合可以在不同场景下更灵活地满足多样化的通信需求。

（2）新型光纤材料和技术

新型光纤材料和技术的不断研发将推动光网络的创新。例如，空气孔光纤、光子晶体光纤等新型材料的应用可以改善光信号传输的性能，提高网络的容量和速率。

（3）智能化和自适应性

未来的光网络将更加智能化和自适应，能够根据网络负载和环境变化进行实时调整和优化。这将提高网络的灵活性和资源利用效率。

（4）安全性与隐私保护

随着通信技术的不断发展，网络安全和隐私保护成为关键问题。未来光网络需要加强安全性技术的研发，保障通信的安全和隐私。

光网络作为一种高性能、高带宽的通信网络形式，在现代通信系统中具有重要地位。通过不同的拓扑结构和架构设计，光网络可以满足不同场景下的通信需求，应用领域广泛。然而，光网络在发展过程中仍面临一系列挑战，需要不断创新和技术突破。未来，随着新技术的引入和研发，光网络有望在更多领域发挥更为重要的作用，推动通信技术的不断进步。

二、光放大器与光开关技术

（一）概述

光放大器和光开关技术是光通信系统中的两个关键组件，它们分别负责信号的增强和光路的控制，对于构建高性能、高效率的光网络系统至关重要。本书将探讨光放大器和光开关技术的基本原理、常见类型、应用领域和未来发展趋势。

（二）光放大器技术

1. 基本原理

光放大器是一种能够增强光信号强度的器件，主要应用于光通信系统中。其基本原理是通过受激辐射的过程将输入的光信号进行放大。常见的光放大器包括光纤放大器（如光纤光放大器）、半导体光放大器等。

2. 光纤放大器

（1）掺铒光纤放大器

掺铒光纤放大器（EDFA）是一种广泛应用的光纤放大器。其工作原理基于铒离子在掺杂的光纤中对光信号的增强。铒离子在受激辐射下能够产生与输入信号相同的光子，实现光信号的放大。

（2）工作原理

吸收过程：铒离子吸收输入信号中的光子。

激发过程：吸收的光子使铒离子激发到高能级。

受激辐射：激发的铒离子在受激辐射下产生与输入信号相同的光子，实现信号放大。

（3）特点

波段覆盖广泛：EDFA 能够在波段范围内提供均匀的增益，适用于多波长通信系统。

高增益：EDFA 可以提供较高的增益，同时对于多个波长信号具有相对均匀的增益响应。

透明性：EDFA 对通信系统中的调制格式、速率等参数具有一定的透明性。

3. 半导体光放大器

半导体光放大器是利用半导体材料的光放大效应实现的一种光放大器。其工作原理基于注入载流子激发材料，实现光信号的放大。半导体光放大器主要应用于短距离、高速光通信系统。

（1）工作原理

注入载流子：通过电流注入，在半导体材料中产生载流子。

激发过程：载流子激发能带中的电子，形成激子。

受激辐射：激子发生受激辐射过程，产生与输入信号相同的光子，实现信号放大。

（2）特点

小尺寸：半导体光放大器结构紧凑，适用于集成光学系统。

高速度：响应速度快，适用于高速通信系统。

适用于短距离通信：主要应用于数据中心内部的高速通信。

（三）光开关技术

1. 基本原理

光开关是一种用于控制光信号路由的器件，其基本原理是通过改变光的传输路径，实现对光信号的切换、分配和路由。光开关技术在光通信系统中具有重要的作用，能够提高网络的灵活性、可管理性和可扩展性。

2. 光开关的类型

（1）电光开关

电光开关是通过在光学元件中引入电场，调控光的折射率或吸收特性，从而实现对光信号的调控。电光开关的速度较快，适用于高速通信系统。

（2）热光开关

热光开关是通过在光学元件中引入热效应，改变材料的折射率，从而实现对光信号的调控。热光开关通常具有较低的功耗，但速度较电光开关慢。

（3）机械光开关

机械光开关通过机械运动实现对光路径的切换，例如微镜、微镜片等结构。机械光开关的制造和控制相对较为复杂，但能够提供较低的插入损耗。

（4）光学光开关

光学光开关利用非线性光学效应，通过光的非线性调制实现对光信号的切换。光学光开关通常具有快速的响应速度和较低的插入损耗，适用于高速、大容量的通信系统。

3. 光开关在光通信中的应用

（1）光网络中的光开关

在光通信网络中,光开关被广泛应用于光路的切换和光信号的路由。通过光开关技术，可以实现灵活的光网络拓扑，提高网络的可靠性和可管理性。

（2）数据中心内的光开关

在大规模数据中心中，光开关被用于实现高速、低延迟的数据传输和交换。光开关可以在不同服务器、存储设备之间实现灵活的连接，提高数据中心的整体性能。

（3）光无线通信中的光开关

光开关技术也在光无线通信系统中发挥关键作用。通过光开关，可以实现光信号的灵活切换和路由，提高光无线通信系统的灵活性和稳定性。

4. 光开关的挑战与未来展望

（1）挑战

损耗：光开关在切换过程中可能引入光信号的插入损耗，影响系统的性能。

制造复杂性：一些光开关的制造和调控相对复杂，导致成本较高。

稳定性：一些光开关在长时间使用后可能出现稳定性问题，需要更好的材料和设计来解决。

（2）未来展望

高速度：未来的光开关技术将更加注重提高切换速度，以适应日益增长的数据传输需求。

低损耗：研究人员致力于减小光开关的插入损耗，提高系统的效率。

集成度提升：未来光开关有望实现更高的集成度，以减小体积、降低成本，并在复杂系统中更灵活地部署。

（四）光放大器与光开关技术的协同应用

1. 在光通信系统中的协同应用

光放大器和光开关技术在光通信系统中通常是协同应用的。光放大器用于增强信号的强度，延长传输距离，而光开关则用于实现信号的路由和切换，构建灵活的光网络拓扑。两者的协同应用可以提高整个光通信系统的性能。

2. 在数据中心中的协同应用

在数据中心内部，光放大器和光开关技术也可以协同应用。光放大器用于增强数据中心内的光信号强度，提高数据传输的可靠性，而光开关则用于实现服务器和存储设备之间的灵活连接，提高数据中心的整体性能和可扩展性。

3. 在光无线通信系统中的协同应用

在光无线通信系统中，光放大器和光开关技术的协同应用可以实现更高带宽、更稳定的通信。光放大器用于增强光信号强度，提高光无线传输的距离和可靠性，而光开关用于实现光信号的灵活切换和路由，适应不同通信需求。

光放大器和光开关技术作为光通信系统的核心组件，在构建高性能、高效率的光网络中发挥着关键作用。光放大器通过增强信号强度提高传输性能，而光开关通过实现光信号的灵活切换和路由，构建灵活的光网络拓扑，提高系统的灵活性和可管理性。两者的协同应用使得光通信系统在不同的应用场景下能够更好地适应不断增长的通信需求。

在未来，随着通信技术的不断发展，光放大器和光开关技术将面临更多的挑战和机遇。对于光放大器而言，研究人员将致力于提高其性能，降低成本，推动新型材料和技术的应用，以满足更高容量、更远距离的光通信需求。对于光开关技术而言，未来的发展方向包括提高切换速度、降低插入损耗、增强系统的稳定性和可靠性，同时实现更高集成度，以适应不断变化的通信环境。

在光放大器与光开关技术的协同应用方面，研究人员将不断寻求更好的整合方式，以提高系统的整体性能。例如，在数据中心和光无线通信系统中，光放大器和光开关的联合应用将更好地满足高速、大容量、低延迟的通信需求。

总体而言，光放大器与光开关技术的不断创新将推动光通信系统的发展，为更快、更可靠地通信提供支持。通过克服各自面临的挑战，这两项关键技术将为未来信息社会的建设和数字化转型提供更为强大的基础。

三、多波长光传输系统

（一）概述

多波长光传输系统是一种基于波分复用（WDM）技术的光通信系统，通过同时传输多个波长的光信号，显著提高了通信系统的传输容量和效率。本书将探讨多波长光传输系统的基本原理、技术实现、优势和在不同应用领域的应用。

（二）多波长光传输系统基本原理

1. 波分复用技术

波分复用技术是多波长光传输系统的核心。它允许在同一光纤中传输多个波长的光信号，每个波长都可以独立传输不同的数据流。这样的技术实现了光纤通信的频分复用，从而显著提高了光纤通信系统的传输能力。

2. 多波长光源

多波长光源是多波长光传输系统的关键组件之一。它能够同时发射多个波长的光信号，形成一个光信号的频谱。常见的多波长光源包括激光二极管阵列和外腔激光二极管等。

3. 多波长激光器

多波长激光器是用于产生和调制多个波长的光信号的关键器件。它通过控制激光器的输出波长，实现对多个波长的选择性激发，从而形成多波长的光信号。

4. 多波长光接收器

多波长光接收器用于接收多个波长的光信号，并将其转换为相应的电信号。这些电信号可以经过解调和处理后得到原始的数据信息。

（三）技术实现

1. 波分复用器

波分复用器是多波长光传输系统中用于合并和分离不同波长光信号的关键组件。它通过将多个波长的光信号合并到一根光纤中或从一根光纤中分离出来，实现不同波长光信号的同时传输。

2. 光纤放大器

光纤放大器在多波长光传输系统中扮演着重要角色，它能够放大经过光纤传输的信号，使其能够在长距离范围内传输而不损失太多信号质量。常用的光纤放大器包括掺铒光纤放大器和掺铒光纤放大器。

3. 光开关

光开关在多波长光传输系统中用于实现光路的切换和选择。它可以根据需要将光信号从一个路径切换到另一个路径，实现灵活的光网络配置和管理。

4. 多波长光监测系统

多波长光监测系统用于监测和管理多个波长的光信号，确保它们在传输过程中的质量和稳定性。这包括光功率监测、波长漂移监测等功能。

（四）优势和应用领域

1. 优势

（1）高容量

多波长光传输系统通过波分复用技术，将多个波长的光信号叠加在同一光纤中，显著提高了通信系统的传输容量，实现了更大规模的数据传输。

（2）高速度

通过多波长的并行传输，多波长光传输系统能够实现更高的传输速度。每个波长可以携带独立的数据流，使得系统整体传输速率大幅提升。

（3）灵活性

光开关技术的引入使得多波长光传输系统具有更高的灵活性。光开关可以根据实时需求灵活地调整光路配置，适应不同的通信场景。

2. 应用领域

（1）光通信网络

多波长光传输系统在长距离的光通信网络中得到广泛应用，特别是在跨洲际和跨海底的通信链路中。其高容量和高速度使其成为满足日益增长的数据传输需求的理想选择。

（2）数据中心互连

在大规模数据中心中，多波长光传输系统能够提供高容量、低延迟的互连解决方案。通过采用高速光纤连接，数据中心内部的服务器和存储设备可以实现高效的数据交换和通信。

（3）短距离高速通信

多波长光传输系统在城域网和校园网等短距离高速通信环境中也具备广泛的应用。其高速度和高容量的特性使其适用于满足现代社会中对于大规模数据传输、实时通信等方面的需求。

（4）光无线通信系统

多波长光传输系统在光无线通信中同样发挥着关键作用。通过将光信号与无线通信技术结合，可以实现更大带宽、更低延迟的光无线通信系统，适用于高密度用户区域和移动通信需求。

（五）挑战与未来展望

1. 挑战

（1）光信号干扰

在多波长光传输系统中，不同波长的光信号相互之间可能存在相互

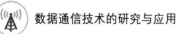

干扰的问题，影响系统的性能。光信号的干扰可能导致信号质量下降和传输距离的减小。

（2）制造成本

多波长光传输系统的制造和维护成本相对较高，主要体现在光源、光开关和其他器件的制造及系统的调试与维护等方面。这一挑战使得系统在一些应用场景下可能不够经济实用。

2. 未来展望

（1）新型材料与器件

未来的多波长光传输系统将受益于新型材料和器件的不断研发。例如，新型激光器技术、高效的波分复用器件等将有助于提高系统的性能和降低制造成本。

（2）光网络智能化

随着人工智能和自适应技术的不断发展，未来的多波长光传输系统有望更加智能化。系统将能够根据实时的网络负载和环境变化进行智能调整，提高网络的灵活性和效率。

（3）安全性加强

随着通信技术的发展，网络安全性变得尤为重要。未来的多波长光传输系统需要加强安全性技术的研发，确保光信号的安全传输，防范网络攻击和数据泄露。

（4）生态友好性

在未来的发展中，多波长光传输系统也需要考虑其对环境的影响。新型材料和制造工艺的引入将有助于提高系统的能效，减少能源消耗，使得系统更具生态友好性。

多波长光传输系统作为一种基于波分复用技术的光通信系统，在面对大规模数据传输、高速通信需求等方面表现出明显的优势。通过提高传输容量、传输速度和网络灵活性，多波长光传输系统在光通信网络、数据中心互连、短距离高速通信以及光无线通信等领域都发挥着关键作用。

然而，面对光信号干扰、制造成本等挑战，未来的发展需要不断创新和技术突破。引入新型材料和器件、智能化网络管理、加强安全性保障等都是未来多波长光传输系统发展的方向。随着科技的不断进步，多波长光传输系统将继续推动光通信技术的发展，为数字化社会的建设提供更为强大的支持。

第三节　高速光通信与数据中心网络

一、光纤通信的高速化趋势

（一）概述

光纤通信作为现代通信领域的支柱技术，一直在不断演进以满足日益增长的带宽需求。高速化是光纤通信领域的重要趋势之一，通过提高传输速度和数据容量，光纤通信能够更好地支持互联网、云计算、物联网等应用。本书将探讨光纤通信的高速化趋势，包括推动因素、关键技术、应用领域和未来展望。

（二）推动因素

1. 日益增长的带宽需求

随着大数据、高清视频、虚拟现实等应用的普及，用户对网络带宽的需求不断增加。高速光纤通信系统能够更好地满足这一日益增长的带宽需求，提供更快速、稳定的网络连接。

2. 新兴应用的涌现

新兴应用如 5G 通信、边缘计算、人工智能等对通信系统的要求更高。高速光纤通信系统能够为这些新兴应用提供更大的容量和更低的延迟，支持它们更好地发挥作用。

3. 商业竞争和市场需求

在全球范围内，运营商和通信设备厂商之间的竞争日趋激烈。提供高速光纤通信服务成为提高竞争力和满足市场需求的重要手段。因此，推动技术不断创新以实现高速化成为行业内迫切的需求。

（三）关键技术

1. 波分复用技术

波分复用技术是实现光纤通信高速化的核心技术之一。通过在同一光纤上使用不同波长的光信号传输数据，可以大幅提高光纤的传输容量。这种技术使得多个通信信道可以同时存在于同一光纤上，从而提高整体的传输速度。

2. 光放大器技术

光放大器技术，尤其是掺铒光纤放大器的应用，能够在信号传输过程中对光信号进行放大，延长传输距离同时保持信号质量。这对于高速长距离的光纤通信至关重要。

3. 光调制解调技术

光调制解调技术是实现数字信号与光信号的转换的关键技术。高速光调制解调器能够更快速地将电子信号转化为光信号，同时将接收到的光信号重新转化为电子信号。这有助于提高通信系统的传输速度。

4. 光网络拓扑优化

光网络拓扑的优化设计对于高速光纤通信至关重要。采用更优化的光网络拓扑结构，如光环网、星形网络等，可以提高通信系统的整体性能，降低信号传输时延。

（四）应用领域

1. 5G 通信

5G 通信作为下一代移动通信标准，对于传输速度、容量和延迟提出了更高的要求。高速光纤通信系统能够为 5G 提供强有力的支持，确保其在大规模连接、高密度数据传输等场景中表现优异。

2. 数据中心互连

随着大规模数据中心的建设和发展，数据中心互连对于高速光纤通信的需求日益增加。高速化的光纤通信系统能够在数据中心内实现高效的服务器互联，加速大规模数据的传输和处理。

3. 云计算

云计算作为一种强大的计算模式，对通信系统的带宽和速度提出了高要求。高速光纤通信系统可以为云计算提供高效的数据传输通道，确保用户能够快速、稳定地访问云服务。

4. 科学研究

在科学研究领域，如高能物理实验、天文学观测等，需要大量的数据传输。高速光纤通信系统能够支持科学仪器和设备之间的高速数据传输，促进科学研究的进展。

（五）未来展望

1. 更高的传输速度

未来，高速光纤通信系统将不断追求更高的传输速度。随着技术的不断创新和突破，光纤通信系统有望实现更快的数据传输速度，以满足不断增长的带宽需求。

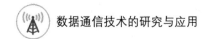

2. 更大的传输容量

波分复用技术的进一步发展将带来更大的传输容量。通过在光纤中使用更多的波长，系统能够实现更大规模的数据传输，支持更多设备和应用同时运行，满足未来数字化社会的需求。

3. 低延迟通信

随着对实时性要求的增加，未来高速光纤通信系统将更加注重降低通信延迟。通过优化光网络拓扑、提高光调制解调技术的效率，以及采用更先进的光器件，系统可以实现更快速、更低延迟的数据传输。

4. 安全性和稳定性提升

未来的发展中，高速光纤通信系统还需加强对通信安全性的关注。采用更先进的加密技术、安全协议，以及强化网络安全措施，确保通信数据的保密性和完整性。同时，提升系统的稳定性，减少信号中断和故障，提高通信的可靠性。

5. 全球覆盖和可持续发展

未来高速光纤通信系统将更加强调全球范围内的通信覆盖和可持续发展。通过扩展光纤网络的覆盖范围，包括偏远地区和发展中国家，实现全球通信的无缝连接。同时，系统的设计和运营需要更加注重能源效率，减少对环境的影响，促进通信技术的可持续发展。

（六）挑战与应对策略

1. 光学器件的制约

在实现更高速光纤通信的过程中，光学器件的性能和制约成为一个挑战。研发更高效、更稳定的光学器件是未来的重要研究方向。

2. 信号失真与光衰减

在长距离传输中，信号失真和光衰减是一个挑战，可能导致信号质量下降。采用先进的信号处理技术和光放大器技术，以及更优化的光纤网络设计，是对抗这一挑战的策略。

3. 安全性和隐私保护

随着通信技术的发展，网络安全问题变得尤为重要。加强通信的安全性和隐私保护，采用先进的加密技术，是应对潜在风险的关键。

4. 技术标准的制定

随着光纤通信技术的不断创新，制定相关的技术标准变得尤为重要。国际社会需要共同努力，制定更为统一和规范的光纤通信技术标准，促进技术的互操作性和全球范围内的通信一体化。

光纤通信的高速化趋势是推动现代通信技术不断发展的重要动力。通过波分复用技术、光放大器技术、光调制解调技术等关键技术的不断创新，光纤通信系统实现了传输速度和容量的显著提升，为未来数字化社会的建设提供了强有力的支持。

然而，面对日益增长的带宽需求、新兴应用的涌现和全球竞争的加剧，光纤通信系统仍然面临一系列挑战。在未来的发展中，通过克服光学器件制约、处理信号失真和光衰减、强化通信安全性和隐私保护，以及加强技术标准的制定，光纤通信系统有望迎接更高效、更安全、更可持续的发展。

综上所述，高速光纤通信将继续引领信息通信技术的发展潮流，为构建数字化、智能化的未来社会提供关键支持。

二、数据中心光网络设计

随着数字化时代的到来，数据中心作为存储、处理和传输大规模数据的关键基础设施，其网络设计变得尤为重要。光网络作为数据中心网络的重要组成部分，具有高带宽、低延迟、高可靠性的特点，成为满足不断增长的数据需求的理想选择。本书将探讨数据中心光网络的设计，包括关键设计考虑因素、拓扑结构、技术应用和未来发展趋势。

（一）关键设计考虑因素

1. 带宽需求

首要的设计考虑因素之一是数据中心的带宽需求。随着大规模数据的存储和处理，数据中心需要高带宽的网络来支持快速、可靠的数据传输。设计者需要充分了解数据中心的实际带宽需求，以确保网络能够满足未来的扩展和升级。

2. 低延迟要求

数据中心应用对低延迟的要求越来越高，尤其是对于实时数据处理和云计算应用。光网络的低延迟特性使其成为满足这一需求的有效手段。设计者需要考虑网络拓扑、传输设备和路由算法等因素，以降低网络的传输延迟。

3. 可伸缩性和弹性

数据中心的规模和业务需求可能会不断变化，因此网络设计需要具备良好的可伸缩性和弹性。这意味着网络应该能够轻松扩展，同时在面临故障或异常情况时能够灵活调整以保持高可用性。

4. 能源效率

数据中心运营的能源效率是一个重要的考虑因素。光网络的设计应该注重降低能耗，采用节能型光学器件和智能化管理系统，以实现更环保、经济的数据中心运营。

5. 安全性和隐私保护

数据中心光网络必须具备高水平的安全性和隐私保护。采用先进的加密技术、网络隔离和访问控制等手段，以保护数据中心内敏感信息的安全。

（二）拓扑结构设计

1. 超级计算机结构

超级计算机结构是一种常见的数据中心光网络拓扑结构，其特点是高度并行和低延迟。这种结构通常采用大量的高带宽、低延迟的光链路连接计算节点，适用于需要大规模并行计算的应用场景。

2. 环形结构

环形结构是一种光网络拓扑，其中光纤连接形成一个环。环形结构具有简单、对称、高可伸缩性的特点。在环形结构中，数据可以沿着环的两个方向传输，提高了网络的容错能力。

3. 融合结构

融合结构是将多种不同的拓扑结构融合在一起的设计。通过融合多个结构，可以兼顾各种需求，提高网络的整体性能。例如，融合超级计算机结构和环形结构，兼顾了高性能计算和高容错性。

4. 树状结构

树状结构是一种层次化的拓扑结构，具有清晰的层次结构和良好的可管理性。通过树状结构，数据中心可以实现灵活的资源分配和管理，同时确保高带宽连接。

（三）技术应用

1. 波分复用技术

波分复用技术是光网络中常用的技术，通过在同一光纤上传输多个波长的光信号，提高了网络的传输容量。在数据中心光网络中，波分复用技术可以用于实现高带宽的光纤通信，满足大规模数据传输需求。

2. 光放大器技术

光放大器技术可以用于放大光信号，延长光纤传输距离并保持信号质量。在数据中心光网络中，光放大器的应用可以提高光信号在大范围数据中心内的覆盖范围，支持远距离的数据传输。

3. 光交换技术

光交换技术允许动态调整光网络中的光路连接，实现更灵活的网络配置。在数据中心中，光交换技术可以用于实现对不同服务器和存储设备之间的快速切换，提高网络的灵活性和资源利用率。

4. 光网络智能化

通过引入智能化技术，如人工智能和机器学习，可以对数据中心光网络进行智能管理和优化。智能化技术可以实时监测网络状态，并根据实际负载和流量模式进行自适应调整，从而提高网络的效率和性能。智能化技术还可以用于故障检测和预测，提前发现潜在问题并采取措施，以确保网络的稳定性和可用性。

5. 软件定义网络

软件定义网络（SDN）是一种通过软件控制网络设备的范式，可以对网络进行动态、灵活的管理。在数据中心光网络中，SDN技术可以用于实现集中的网络控制和管理，提高网络的可编程性和可控性。SDN使得网络资源能够更好地适应不同应用和服务的需求，实现更高效的网络运营。

（四）未来发展趋势

1. 更高带宽和更低延迟

未来数据中心光网络将继续追求更高的带宽和更低的延迟。随着新兴应用如5G、人工智能、边缘计算的不断发展，对于数据传输速度和实时性的需求将进一步增加，推动光网络技术的不断创新。

2. 引入量子通信技术

量子通信技术具有突破传统通信技术极限的潜力，未来可能成为数据中心光网络的一项重要技术。量子通信技术可以提供更高的安全性和更远的传输距离，为数据中心网络的安全性和可扩展性带来新的可能性。

3. 网络智能化和自适应性

随着人工智能和自适应技术的不断发展，未来数据中心光网络将更加智能化。网络将能够实时感知和适应不同应用和负载的变化，实现更灵活、更高效的资源管理和分配。

4. 可编程性和虚拟化

未来数据中心光网络将更加可编程和虚拟化。这意味着网络资源可以根据需要进行动态配置和调整，从而更好地适应不同应用和服务的需求。可编程性和虚拟化将提高网络的灵活性和资源利用率。

（五）挑战与应对策略

1. 光纤成本和制造难度

光纤成本和制造难度仍然是一个挑战。未来的发展需要继续研究和创新，降低光纤的制造成本，提高生产效率。

2. 安全性和隐私保护

随着网络攻击技术的不断演进，数据中心光网络的安全性和隐私保护仍然是一个重要问题。加强加密技术、网络监测和入侵检测系统的应用，是保障网络安全的关键策略。

3. 标准化和互操作性

数据中心光网络的标准化仍然需要进一步完善。推动国际间的标准化工作，确保不同厂商的设备和技术能够互操作，有助于构建更加开放、灵活的数据中心光网络。

4. 管理和运维挑战

随着网络规模的增大，管理和运维将成为一个挑战。引入智能化的网络管理系统、自动化运维工具，以及培养专业的网络管理人才，是解决这一挑战的有效途径。

数据中心光网络的设计是确保数据中心高效运作的关键因素之一。通过考虑带宽需求、低延迟、可伸缩性、能源效率、安全性等关键因素，设计者可以打造出适应未来需求的高性能光网络。技术的不断创新，如波分复用技术、光放大器技术、SDN 等的应用，使得数据中心光网络具备更高的灵活性和可调性。

然而，面临光纤成本、安全性、标准化和管理等多方面的挑战，需要持续的研究和行业合作。未来的发展趋势将朝着更高带宽、更低延迟、更智能化、更可编程化的方向发展。只有不断地创新和解决实际问题，数据中心光网络才能更好地服务于数字化社会的发展。

三、光通信网络安全

随着光通信技术的快速发展，光通信网络在现代社会中扮演着至关重要的角色，支持着大规模数据传输、云计算、物联网等关键应用。然而，随之而来的是对光通信网络安全的日益严峻的挑战。网络攻击、信息泄露、窃听等威胁催生了对光通信网络安全的迫切需求。本书将探讨光通信网络的安全问题，包括威胁分析、安全机制、加密技术、未来趋势等方面。

（一）光通信网络的威胁分析

1. 数据窃听

光通信的一个重要特点是信号传输通过光纤，这使得传输的信息容易受到窃听威胁。黑客可以尝试截取光信号并获取敏感数据，这对于商业机密、个人隐私等信息构成了威胁。

2. 光纤切割和物理攻击

攻击者可能采用物理手段对光纤进行切割或损坏，导致通信中断或信号质量下降。这种攻击方式可能导致网络服务不可用，对关键基础设施和通信网络的稳定性造成威胁。

3. 光信号干扰

攻击者还可能通过发送有意干扰的光信号，干扰光通信的正常工作。这种光信号干扰可能导致通信信号质量下降，甚至使得通信系统无法正常运作。

4. 光通信设备的攻击

光通信网络中的设备，如光发射机、接收机等，也可能成为攻击目标。攻击者可以尝试通过篡改或者破坏这些设备来影响整个通信网络的正常运行。

（二）光通信网络安全机制

1. 加密通信

在光通信网络中，采用强大的加密算法对通信数据进行加密是保障信息安全的基础。加密技术可以有效防范数据窃听和信息泄露。

2. 身份验证机制

引入身份验证机制可以确保通信的两端是合法的、授权的通信实体。

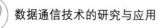

通过数字签名、证书等手段，可以有效防止网络中的身份伪装和恶意访问。

3. 安全协议

采用安全协议是保障光通信网络安全的关键一环。常见的安全协议包括 SSL/TLS 协议用于 Web 通信安全、IPsec 协议用于网络层安全等。这些协议提供了数据完整性、认证、机密性等安全服务。

4. 光层安全

光通信网络安全不仅涉及电信层面的安全，还需要考虑光层的安全。例如，采用光层加密技术，对光信号进行加密处理，确保在物理层面的安全性。

（三）加密技术在光通信网络中的应用

1. 光纤通信的量子密钥分发

量子密钥分发（QKD）是一种基于量子力学原理的加密通信技术，可用于在光通信网络中实现安全的密钥交换。QKD 利用光子的量子态进行密钥分发，通过检测任何窃听行为而立即发现。这种技术提供了信息理论上的安全性，即使是量子计算机也无法破解。

2. 光学混沌通信

光学混沌通信是一种基于混沌理论的加密通信技术。通过在发送端引入混沌信号，接收端可以通过相同的混沌发生器进行解调，实现加密通信。这种技术对于抵御光信号窃听提供了额外的保护。

3. 光纤量子密钥分发

光纤量子密钥分发是 QKD 技术在光通信网络中的具体应用。通过在光纤中传输量子比特，可以实现长距离的量子密钥分发，提供了高度安全的通信通道。

（四）未来发展趋势

1. 光子计算机的崛起

随着量子计算机的研究和发展，未来可能出现光子计算机，这将对光通信网络的安全性提出新的挑战和机遇。同时，量子通信技术也将成为应对量子计算机带来的安全挑战的关键手段。

2. 光网络的智能化和自适应性

未来光通信网络将更加智能化，通过引入人工智能和自适应技术，实现对网络的实时监测、威胁检测和动态调整。这有助于及时发现并应对潜在的安全威胁。

3. 新型密码学算法的应用

随着量子计算机对传统密码学算法的威胁，未来可能涌现出更加安全的密码学算法。在光通信网络中，采用新型密码学算法将成为提高安全性的重要手段。

4. 安全标准的制定

未来的发展需要建立更为统一和规范的光通信网络安全标准。这有助于推动整个行业在网络安全方面的共同努力，确保光通信网络的整体安全性。

（五）挑战与应对策略

1. 光通信网络中的物理攻击

光通信网络容易受到物理攻击，如光纤切割。为了应对这一挑战，可以采用光纤中断检测技术，通过监测光信号的强度变化来及时发现物理攻击。

2. 密钥管理与分发

在量子密钥分发等加密技术中，密钥的管理与分发是一个关键的挑战。建立高效且安全的密钥管理系统，确保密钥的安全分发和更新，是应对挑战的关键策略。

3. 光通信设备的安全性

保障光通信设备的安全性是防范攻击的关键。采用硬件级别的安全模块，定期对设备进行安全审计和漏洞修复，是确保设备安全性的有效途径。

4. 高效的威胁检测与响应机制

建立高效的威胁检测与响应机制，包括实时监测、行为分析、入侵检测等技术的应用，有助于迅速发现潜在威胁并采取相应措施。及时更新网络防护系统，引入自适应防御机制，能够根据实时威胁情报动态调整防护策略，提高网络的抵御能力。

5. 网络安全意识与培训

加强网络安全意识与培训是预防网络攻击的重要手段。培养员工对于网络安全的认知，教育用户正确使用网络，防范社会工程学等攻击手段，有助于降低网络安全风险。

6. 国际合作与信息共享

面对全球性的网络威胁，国际合作与信息共享显得尤为重要。各国和组织应加强跨界合作，共同应对网络威胁，分享威胁情报，提高全球范围内的网络安全水平。

光通信网络在推动信息社会发展的同时，也面临着日益严峻的安全威胁。有效的光通信网络安全策略需要综合考虑网络层面的防护措施和物理层面的安全措施。加密技术、身份验证、安全协议等安全机制是保障通信数据安全性的关键。未来，随着量子计算机等新技术的发展，网络安全将面临更多挑战，但同时也将有更先进的安全技术应运而生。

在应对光通信网络安全挑战时，需要多方面的努力，包括技术创新、标准制定、国际合作和用户教育。只有通过全球协同努力，才能构建更加安全、可靠的光通信网络，推动数字化社会的可持续发展。光通信网络的未来将是光明而挑战重重的，但只有通过不懈努力，才能确保其在数字时代的核心地位。

第四节　光通信与量子通信融合

一、量子密钥分发

在当今信息时代，随着信息传输日益成为社会和经济发展的核心，信息安全问题也日益凸显。传统加密算法面临着量子计算等技术的威胁，为了应对这一挑战，量子密钥分发（QKD）技术应运而生。本书将探讨量子密钥分发技术的原理、关键技术、应用领域和未来发展趋势。

（一）量子密钥分发的基本原理

1. 量子力学原理

量子密钥分发的基础是量子力学的独特性质，主要包括量子叠加原理和量子纠缠原理。在量子叠加原理下，量子比特（量子位）可以同时处于多个状态的叠加态，而在量子纠缠原理下，两个或多个量子比特之间可以存在特殊的纠缠关系，改变一个的状态会瞬间影响到另一个。

2. 量子比特和量子态

量子比特是量子信息的最小单元，可以表示为 0、1 的叠加态。通过操控这些量子比特，可以构建量子态，而这些量子态的传递和测量将构成量子密钥分发的基本步骤。

3. 不可克隆定理

量子力学的不可克隆定理规定，不可能复制一个未知的量子比特的状态。这一性质保证了量子密钥分发中的安全性，因为任何试图复制密钥的行为都会破坏量子态的一致性。

（二）量子密钥分发的关键技术

1. 量子比特的编码与传输

量子密钥分发的第一步是将比特信息编码成量子比特，并通过光纤或空间传输进行通信。在这一过程中，利用量子纠缠或量子态的叠加性质来确保信息的安全传输。

2. 量子测量

接收方通过对接收到的量子比特进行测量，得到一系列测量结果。这个过程的关键在于，由于量子态的测量会瞬间改变其状态，任何对信息的未经授权的测量都会被检测到。

3. 量子密钥提取

通过公开通信信道，发送方和接收方可以比较一部分测量结果，选择一致的比特作为量子密钥。这一步骤使用了量子态的量子纠缠性质，确保了密钥的安全性。

4. 量子密钥扩展

通过使用经典的加密算法，可以对初步获得的量子密钥进行扩展，生成更长、更复杂的密钥，以满足实际应用中的需要。

（三）量子密钥分发的应用领域

1. 量子安全通信

量子密钥分发为安全通信提供了独特的解决方案。通过建立基于量子密钥的安全通信通道，可以防范传统加密算法受到量子计算机攻击的风险。

2. 金融领域

在金融领域，安全通信是至关重要的。量子密钥分发技术可以用于保护金融交易、数字签名等敏感信息，防范黑客和窃听行为。

3. 政府与军事通信

政府和军事通信往往涉及到国家安全和机密信息，因此对通信的安全性要求极高。量子密钥分发技术可以提供更高级别的信息安全保障。

4. 云计算安全

随着云计算的普及，数据的传输和存储成为一个重要问题。量子密钥分发技术可以在云计算环境中提供更为安全的数据传输通道，保障用户数据的隐私。

（四）未来发展趋势

1. 量子密钥分发网络的建设

随着量子通信技术的不断进步，未来可能建设更为完善的量子密钥分发网络。这将有助于在更大范围内、更多场景下实现安全通信。

2. 多用户量子密钥分发

未来的发展趋势之一是实现多用户的量子密钥分发。这将使得多方之间建立安全通信通道更为便捷，有望推动量子密钥分发技术的广泛应用。

3. 量子密钥分发与经典加密的结合

量子密钥分发技术与经典加密算法的结合是未来的一个方向。这样的结合可以充分发挥两者的优势，提高整体的信息安全性。

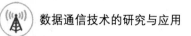

4. 实用性与商业化

未来的研究还需要更多关注量子密钥分发技术的实用性和商业化推广。随着技术的进步，更加高效、稳定、易于部署的量子密钥分发系统将更容易在实际应用中推广。这包括降低设备成本、提高系统的鲁棒性、简化操作流程等方面的工作。

5. 抗攻击性能的提升

未来的研究也应致力于提高量子密钥分发系统对各种攻击的抵抗能力。对抗量子计算机的攻击、对抗光子计数攻击、对抗侧信道攻击等研究是提高系统安全性的关键。

（五）挑战与应对策略

1. 技术挑战

（1）光子损耗

量子密钥分发中，光子在光纤或空间传输过程中的损耗是一个重要挑战。研究人员需要提高光子传输的效率，采用更好的光源和光纤材料，以减少损耗。

（2）光子计数攻击

攻击者可以通过光子计数攻击来监测传输的光子，威胁系统的安全性。发展防范光子计数攻击的新型技术是保障量子密钥分发安全的重要方向。

2. 商业化与标准化

（1）商业化难题

量子密钥分发技术虽然在实验室中取得了显著进展，但在商业化应用上仍然面临着一系列挑战。其中包括成本问题、设备的可靠性、市场接受度等。

（2）标准化问题

由于量子密钥分发技术的复杂性，缺乏统一的标准，导致不同厂商的系统难以互操作。建立行业标准将有助于推动技术的标准化和商业化。

3. 安全性问题

（1）量子隐私放大

量子隐私放大是一种处理噪声和攻击的技术，但其效率和实际应用仍需要进一步改进。研究人员需要提高隐私放大的性能，以确保系统的安全性。

（2）量子随机数生成

量子密钥分发中随机数的生成是一个关键环节，攻击者可能通过攻击生成的随机数来破坏系统的安全性。加强量子随机数生成的研究是应对这一挑战的重要手段。

4. 社会和伦理问题

（1）隐私和个人权利

随着量子密钥分发技术的发展，涉及个人隐私和信息安全的问题将变得更为复杂。解决这一问题需要在技术发展的同时，制定明确的法规和伦理准则。

（2）国际合作与竞争

量子通信和量子密钥分发领域的发展需要国际间的合作，但也存在激烈的竞争。如何平衡国家间的合作与竞争，确保技术的共同进步，是一个需要考虑的问题。

量子密钥分发技术作为信息安全领域的前沿技术，为构建更加安全、不可破解的通信系统提供了全新的思路。然而，面临着技术、商业化、安全性、社会伦理等多方面的挑战。解决这些挑战需要学术界、产业界和政府部门的共同努力，需要跨领域的合作，也需要在法规和伦理框架的指导下，推动量子密钥分发技术的健康发展。随着技术的不断突破和解决方案的逐渐成熟，量子密钥分发有望在未来成为信息安全领域的重要支撑技术，推动数字社会的可持续发展。

二、量子隐形传态

量子隐形传态是量子力学中一项极为神奇的现象，涉及信息的瞬时传递而无须物质粒子实际传输的过程。该现象首次由物理学家 Charles Bennett 和 Gilles Brassard 于 1993 年提出，引发了科学界对量子纠缠和量子信息传输的深刻研究。本书将探讨量子隐形传态的基本原理、实验验证、潜在应用和当前面临的挑战。

（一）量子隐形传态的基本原理

1. 量子纠缠

量子隐形传态的基础是量子纠缠。在量子力学中，两个或更多的粒子可以通过纠缠形成一种特殊的状态，即便它们在空间上相隔很远，对其中一个粒子进行测量将立即影响其他粒子的状态。这种纠缠状态是量子隐形传态的前提。

2. 纠缠态的生成

在量子隐形传态的过程中，首先需要生成一对纠缠的粒子。这可以通过一系列的量子操作，如光子的双重光栅干涉、涡旋光子对的产生等方式来实现。

3. Bell 态测量

生成的纠缠态中，常用的一种是 Bell 态。通过对两个纠缠粒子进行 Bell 态测量，可以将其中一个纠缠粒子的状态传递给另一个粒子，实现信息的瞬时传递。

4. 量子纠缠的非局域性

量子隐形传态的关键在于量子纠缠的非局域性。即使两个纠缠粒子相隔千里之遥，通过测量一个粒子，我们可以瞬时获取另一个粒子的信息，而这种信息传递的速度远远超过了任何经典信息传输的极限。

（二）实验验证

1. Alain Aspect 的实验证据

量子隐形传态的概念首次得到理论上的支持后，实验验证成为关键的一步。物理学家 Alain Aspect 于 1982 年进行了著名的 Bell 不等式实验，结果表明，纠缠粒子之间存在着超过经典物理学预测的非局域关联。

2. 光子的实验验证

随后的实验中，研究人员使用纠缠的光子对进行了量子隐形传态的验证。实验结果进一步证实了量子隐形传态的存在，并展示了其非常规的信息传递性质。

3. 固体材料中的实验

近年来，一些研究团队还在固体材料中实现了量子隐形传态的实验验证，这为量子信息的传输在实际应用中打开了新的可能性。

（三）潜在应用领域

1. 量子通信

量子隐形传态可为量子通信提供新的思路。其瞬时传递信息的特性使其成为量子通信中量子密钥分发、量子远程态传输等方面的潜在应用。

2. 量子计算

在量子计算领域，量子隐形传态可以用于实现远程量子门操作，为构建分布式量子计算网络提供可能。

3. 量子隐形传态网络

随着对量子隐形传态的深入理解，未来有望构建更为复杂的量子隐形传态网络，实现多节点之间的量子信息传递，为量子互联网的发展铺平道路。

4. 量子传感器

量子隐形传态还可以应用于构建高灵敏度的量子传感器，通过传递信息的方式实现远距离的测量和监测。

（四）挑战与问题

1. 实验技术的挑战

实现量子隐形传态需要高度精密的实验技术，包括精确控制的光学系统、稳定的量子比特生成和检测等。当前仍然存在许多技术难题需要克服。

2. 环境干扰和损耗

在实际应用中，量子隐形传态容易受到环境的干扰和量子比特的损耗，这对信息传递的可靠性和距离限制提出了挑战。

3. 量子隐形传态的复杂性

尽管量子隐形传态的概念相对简单，但实际应用中的复杂性可能导致实际系统的性能大大低于理论上的极限，这需要更多的理论和实验工作。

（五）未来发展趋势

1. 技术突破与实用性提升

未来的研究将聚焦于解决实验技术上的挑战和提高量子隐形传态的

实用性。新的量子技术、材料和控制手段的引入有望推动量子隐形传态技术的发展，使其更容易实现和应用于实际场景。

2. 全球量子通信网络

随着量子隐形传态和其他量子通信技术的不断发展，未来可能建立更为健全的全球量子通信网络。这将为全球范围内的安全通信提供更加可靠的解决方案。

3. 多节点量子隐形传态网络

未来有望实现多节点量子隐形传态网络，使得多个节点之间可以共享和传递量子信息。这为构建更为复杂的量子通信体系结构提供了可能性。

4. 量子隐形传态在量子计算中的应用

在量子计算领域，量子隐形传态有望成为远程量子门操作的重要组成部分，为分布式量子计算提供新的思路。这将推动量子计算技术在实际应用中的进一步发展。

5. 安全通信与隐私保护

量子隐形传态的特性使其在安全通信和隐私保护方面具有潜在的应用。未来可能见证量子隐形传态技术在各个领域的实际应用，为信息传输的安全性和隐私性提供更高水平的保障。

量子隐形传态作为量子力学的一个奇异现象，引发了科学界对量子信息传输的深刻研究。实验证据表明，量子隐形传态并非理论幻想，而是在实验室中得到了成功的验证。随着量子技术的不断进步，量子隐形传态的实际应用前景变得更为广阔。

然而，量子隐形传态仍然面临着技术难题、环境干扰、复杂性等方面的挑战。解决这些问题需要全球范围内的科研机构、工业界和政府的协同努力。随着量子技术的不断发展和突破，相信量子隐形传态将在未

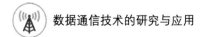

来的量子通信、量子计算和信息安全领域发挥越来越重要的作用。

总体而言，量子隐形传态代表了人类对自然界深奥规律的理解，也为未来的量子科技发展提供了一片新的蓝海。在这个探索的过程中，科学家们将不断推动量子隐形传态技术的创新，为创造更加安全、高效、强大的量子通信和计算系统作出贡献。

三、光量子网络

在信息时代，迅速增长的通信需求推动着科技领域对更高效、更安全通信方式的追求。光量子网络作为量子通信的一种前沿形式，利用光子的量子特性，为信息传输提供了全新的可能性。本书将探讨光量子网络的基本原理、关键技术、应用前景和当前所面临的挑战。

（一）光量子网络的基本原理

1. 光子的量子特性

光量子网络基于光子的量子特性，利用量子叠加原理和量子纠缠原理。光子是光的粒子性质，具有波粒二象性。在光量子网络中，光子的量子特性使得它可以存在于多种状态的叠加态，并通过量子纠缠与其他光子相互关联。

2. 量子比特与量子态

在光量子网络中，信息的基本单位是量子比特。光子的量子态可以被用作量子比特，允许在超叠加（position）和纠缠（entanglement）的状态中传输信息。这为光量子网络提供了高度灵活的信息编码方式。

3. 光子的非定域性

光子的非定域性是光量子网络的关键特性之一。即便光子之间的距离很远，它们之间的纠缠关系也能够保持。这种非定域性使得光子可以在网络中迅速传递量子信息，实现量子通信的长距离传输。

（二）关键技术

1. 量子比特的生成和检测

在光量子网络中，生成和检测量子比特是基础而关键的技术。这包括高效的光子源、用于产生纠缠态的器件和高效的光子探测器等。

2. 光子的量子纠缠

量子纠缠是光量子网络中信息传递的核心。通过产生和操控光子对的量子纠缠态，可以实现远距离的量子通信。

3. 光子的存储与延迟

为了构建更复杂的光量子网络，需要能够在网络中存储和延迟光子。这需要高效的光子存储器件和光子延迟线等技术的支持。

4. 量子纠缠的分发和连接

在光量子网络中，分发和连接量子纠缠态是至关重要的。这需要设计可靠的光子传输通道，以确保量子信息的可靠传递。

（三）应用前景

1. 量子通信

光量子网络为量子通信提供了强大的工具。量子密钥分发、量子远程态传输等应用将能够更加安全、高效地实现。

2. 量子计算

光量子网络有望成为构建分布式量子计算网络的基础。远程量子门操作和分布式量子计算等应用将推动量子计算的发展。

3. 量子隐形传态

光量子网络可以用于实现远程的量子隐形传态，为信息的瞬时传递提供了可能性，这在量子通信和计算中都具有重要意义。

4. 量子传感

光量子网络还可以应用于构建高灵敏度的量子传感器，通过量子态的传递实现远距离的测量和监测。

（四）挑战与问题

1. 技术难题

光量子网络的实现面临着一系列技术难题，包括量子比特的稳定生成、纠缠态的高效产生与探测、光子的存储与延迟等问题。

2. 环境干扰和光子损耗

在实际应用中，光子的传输容易受到环境的干扰，而且在长距离传输中光子的损耗问题仍然是一个挑战。

3. 复杂性与可扩展性

构建大规模的光量子网络需要解决系统的复杂性和可扩展性问题。如何有效管理网络中的量子比特和保持它们的纠缠状态是一个复杂而关键的问题。

（五）未来发展趋势

1. 技术突破

未来的研究将集中在技术突破上，包括提高光子源的效率、改进量子比特的生成与检测技术、发展更好的量子存储和延迟技术等。

2. 应用拓展

随着技术的不断进步，光量子网络的应用将得到更广泛的拓展。从量子通信到量子计算、量子传感，都将成为可能，而且有望在更多领域中产生深远的影响。

3. 安全通信与隐私保护

光量子网络的高度安全性使其成为构建安全通信系统和保护隐私的理想选择。未来的研究可能会进一步探索光量子网络在保障通信安全性和隐私保护方面的应用。

4. 全球光量子网络

随着光量子网络技术的发展，有望建立全球性的光量子网络。这将为全球范围内的安全通信提供更加可靠和高效的解决方案。

5. 标准化和商业化

为了推动光量子网络技术的商业化应用，需要建立相应的标准，以确保不同厂商的系统能够互操作。同时，解决商业化中的成本问题也是未来发展的一个挑战。

光量子网络作为量子通信领域的前沿技术，借助光子的量子特性为信息传输提供了新的思路。通过构建光子的量子纠缠态，实现了远距离的量子通信和信息传输。尽管光量子网络还面临着技术难题、环境干扰和复杂性等挑战，但随着技术的不断进步和研究的深入，这些问题有望得到解决。

未来，光量子网络有望在量子通信、量子计算、量子传感等领域发挥越来越重要的作用。技术的不断突破将推动光量子网络的应用拓展，为信息传输提供更加安全、高效的解决方案。同时，全球范围内的标准化和商业化推广也将加速光量子网络技术的普及，为构建更加智能和安全的未来通信系统奠定基础。光量子网络的发展不仅代表了量子通信技术的进步，也展现了人类对于量子世界理解的不断深化。

第五节　光通信在未来的应用

一、光通信在智能交通中的应用

随着城市化和智能化的迅猛发展，交通系统作为城市的重要组成部分，面临着越来越复杂的管理和优化需求。光通信技术，以其高速、低延迟、大带宽等特点，为智能交通的发展提供了全新的可能性。本书将探讨光通信在智能交通中的应用，包括实时交通监控、智能信号灯控制、车辆通信、无人驾驶等方面。

（一）光通信技术概述

1. 光纤通信的优势

光通信技术是一种使用光传输数据的通信方式，相比传统的电缆传输，光纤通信具有高速传输、低能耗、大带宽、抗干扰等优势。这使得光通信成为满足大规模数据传输需求的理想选择。

2. 激光通信的快速传输

激光通信是一种通过激光束传输信息的技术，其具有高速传输、方向性强、隐蔽性好等特点。在某些场景下，激光通信可以提供更为灵活的解决方案。

（二）光通信在实时交通监控中的应用

1. 智能监控摄像头

利用高速的光通信网络连接智能监控摄像头，实现对城市交通状况的实时监控。高清晰度的视频数据可以通过光纤迅速传输到交通管理中心，实现对路况的实时分析。

2. 数据分析与决策支持

通过光通信传输的交通监控数据，可以进行大数据分析。交通管理中心可以根据实时数据做出更加精准的决策，例如智能信号灯调度、交通拥堵预测等。

3. 交通违规检测

利用高速光通信传输监控数据，交通违规检测系统可以实时监测违规行为，例如闯红灯、违规超速等，通过及时反馈和处理，提高道路安全性。

（三）光通信在智能信号灯控制中的应用

1. 实时交通数据传输

通过光通信网络，交通信号灯可以实时获取道路交通状况数据。这些数据包括车流量、行人流量、车速等，为信号灯控制提供准确的参考。

2. 智能信号灯调度

基于光通信传输的实时数据，智能信号灯系统可以根据交通流量实时调整信号灯的时序，优化交叉口的通行效率，减缓拥堵情况。

3. 紧急事件响应

通过光通信网络，智能信号灯系统可以实时接收到紧急事件的信息，例如事故、道路封锁等，从而快速做出相应的信号灯调度，确保紧急情况下道路的畅通。

（四）光通信在车辆通信中的应用

1. 汽车感知与通信

光通信可以用于连接车辆之间和车辆与基础设施之间的通信网络。通过车辆感知系统获取的信息，如车辆位置、速度、方向等，可以通过光通信网络实时传输。

2. 自组网与协同驾驶

光通信支持车辆之间的快速、低延迟的通信，使得车辆可以建立自组网，协同驾驶。通过信息的及时共享，提高道路行驶的安全性和效率。

3. 交通流优化

通过光通信传输的车辆信息可以被集中管理，交通管理中心可以根据实时信息进行交通流的优化，减缓拥堵、提高道路利用率。

（五）光通信在无人驾驶中的应用

1. 高精度地图更新

无人驾驶车辆需要实时的高精度地图数据进行导航和决策。通过光通信传输的数据可以用于更新车辆所需的地图信息，确保地图的实时性。

2. 车辆互联

光通信网络使得无人驾驶车辆可以实现更高效地互联。车辆之间通过光通信传递信息，协同行驶，避免碰撞，提高行车的安全性。

3. 远程监控与干预

光通信连接无人驾驶车辆与远程监控中心，监控车辆状态、实施远程干预。在紧急情况下，监控中心可以通过光通信迅速介入，确保车辆的安全行驶。

（六）挑战与未来展望

1. 安全性和隐私保护

在光通信在智能交通中广泛应用的同时，必须重视信息的安全性和隐私保护。传输的交通数据可能包含个人隐私信息，因此需要建立高度安全的通信协议和机制，以防止数据泄露和滥用。

2. 技术整合与标准化

实现智能交通系统需要整合多种技术，包括光通信、传感技术、大数据分析等。同时，为了确保不同厂商的设备能够协同工作，需要建立相应的标准和协议，以推动智能交通技术的整体发展。

3. 基础设施建设

智能交通系统的建设需要大规模的基础设施投资，包括光纤网络的铺设、智能交通设备的安装等。如何在有限的预算下高效建设，是一个需要解决的挑战。

4. 法规和政策支持

随着新技术的应用，相关法规和政策需要不断更新以适应新形势。同时，政府需要制定相关政策来引导和支持智能交通技术的发展，以确保其顺利推广和应用。

未来，随着技术的不断创新和解决挑战的努力，光通信在智能交通中的应用将持续发展。预计在未来数年内，光通信技术将成为智能交通系统的关键支撑，为城市交通管理带来革命性的改变。

光通信作为一项高效、可靠的通信技术，为智能交通领域带来了全新的发展机遇。在实时交通监控、智能信号灯控制、车辆通信和无人驾驶等方面，光通信都发挥着重要的作用，推动着智能交通系统的不断完善。

然而，这一发展仍然面临诸多挑战，包括安全性和隐私保护、技术整合与标准化、基础设施建设、法规和政策支持。解决这些挑战需要来自产业界、学术界和政府的共同努力。

总体而言，光通信在智能交通中的应用将推动城市交通系统向更加智能、高效、安全的方向发展。通过不断的技术创新和系统优化，智能交通将成为城市管理的一张重要名片，为居民提供更加便捷、安全的出行体验。

二、光通信在医疗领域的创新

随着信息技术和通信技术的快速发展，光通信作为一种高速、高带宽、低延迟的通信方式，正逐渐渗透到各个领域，其中医疗领域是备受关注的领域之一。本书将探讨光通信在医疗领域的创新应用，包括高速医疗数据传输、远程医疗服务、医学影像传输等方面。

（一）光通信技术概述

1. 光纤通信的优势

光通信技术以其高带宽、低延迟、低能耗等优势，在医疗领域的应用具有天然的优越性。光纤通信作为光通信的重要形式，成为医疗信息传输的理想选择。

2. 激光通信的应用

激光通信是一种通过激光传输信息的通信技术，其在医疗领域的应用也逐渐崭露头角。激光通信方向性强、传输速度快的特点，使其在医学影像传输等方面有着独特的优势。

（二）高速医疗数据传输

1. 电子病历的远程访问

通过光通信技术，医疗机构可以实现对电子病历的高速远程访问。患者的病历数据可以通过光纤网络迅速传输到需要的医疗机构，提高医疗信息的分享和利用效率。

2. 实时医学监测数据传输

在医学监测中，实时性是至关重要的。通过光通信网络传输医学监测数据，可以实现对患者生理参数的实时监控，及时发现异常情况，为医护人员提供更及时的干预和治疗。

3. 大数据在医学研究中的应用

对大量的医学数据进行分析，以发现新的医学知识和治疗方法。光通信的高带宽特性，为医学研究提供了更高效的数据传输方式，促进了大数据在医学研究中的广泛应用。

（三）远程医疗服务

1. 远程医生会诊

通过光通信技术，医生可以进行远程会诊，为患者提供专业的医学建议。这在偏远地区或医疗资源不足的地方具有重要的实际意义。

2. 远程手术指导

在高速光通信网络的支持下，医生可以远程指导手术，借助医学影像传输和实时数据传输，实现对远程手术的实时监控和指导，提高手术的精准性和安全性。

3. 远程医学培训

光通信为医学培训提供了更为高效的途径。医学生或医护人员可以通过光通信网络参与远程培训课程，获得专业知识和技能，促进医疗人才的培养。

（四）医学影像传输

1. 高清医学影像传输

医学影像对于医疗诊断至关重要。光通信技术可以实现高清医学影像的迅速传输，医生可以更清晰地观察患者的病情，提高诊断的准确性。

2. 超声、核磁等特殊影像传输

某些医学影像，如超声、核磁共振等，数据量庞大且需要高速传输。通过光通信网络，这些特殊医学影像可以高效传输，为医生提供更全面的诊断信息。

（五）光通信在生命科学研究中的应用

1. 基因信息传输

生命科学研究中，基因信息是重要的研究对象。光通信技术可以用于高效传输基因数据，促进基因研究的进展，有望在个性化医疗等领域产生深远影响。

2. 生物信息学研究

生物信息学需要处理大量的生物数据，包括基因组学、蛋白质组学等。通过光通信，这些数据可以更快速、准确地传输，为生物信息学的研究提供强有力的支持。

（六）挑战与未来展望

1. 安全和隐私问题

随着医疗信息的数字化和传输，信息的安全和隐私保护成为被重要关切的问题。在光通信应用于医疗领域时，必须制定和遵循高度安全的通信协议和标准，以确保患者的敏感信息不受到未授权的访问和泄露。

2. 技术整合与互操作性

医疗系统涉及多个设备、平台和技术，如医疗设备、信息系统和电子病历系统等。在将光通信技术整合到这些系统中时，需要解决设备之间的互操作性问题，以确保各个部分能够协同工作，形成一个完整的、高效的医疗信息系统。

3. 医学影像数据的大规模处理

随着医学影像数据的增加，特别是高分辨率、三维和四维影像的使用，需要处理更大规模的数据。光通信技术的应用需要适应大规模数据传输的要求，包括数据存储、处理和分析等方面的挑战。

4. 法规和伦理问题

医疗信息的传输涉及法规和伦理问题，包括数据的存储和共享，患者的知情同意和医生的责任等。在推动光通信技术在医疗领域的应用时，必须考虑并遵守相关法规和伦理准则。

5. 精准医疗的推动

光通信技术的应用将促进医学数据的更加精准传输和处理，从而推动精准医疗的发展。通过更高效的医学信息传输，医生可以更准确地制定个性化治疗方案，提高治疗效果。

6. 远程医疗服务的拓展

光通信的高速传输特性将促进远程医疗服务的拓展。患者可以在家中通过远程医疗服务获得医学监测、医生咨询等服务，提高医疗服务的覆盖范围和可及性。

7. 医疗数据共享与合作

光通信技术的广泛应用将有助于医疗数据的更加方便和高效地共享。这有助于不同医疗机构之间的合作，促进医学研究的发展，加速新药研发和治疗方法的创新。

8. 光通信与人工智能的结合

将光通信技术与人工智能相结合，有望提高医疗信息的处理效率。通过利用人工智能算法，可以更好地分析和解释医学数据，为医生提供更准确的诊断和治疗建议。

光通信技术在医疗领域的创新应用为医学信息的高效传输、远程医疗服务和医学影像传输等方面带来了新的机遇。随着技术的不断发展和对挑战的解决，光通信有望在医疗领域发挥更为重要的作用，为医疗信息的处理和医疗服务的提升带来更多可能性。在推动技术发展的同时，必须关注安全性、隐私保护、法规和伦理等问题，以确保光通信技术在医疗领域的应用是安全、可靠且符合伦理规范的。

三、太空光通信

随着科技的不断进步，人类对太空的探索也变得越来越深入。在这个数字时代，通信是人类社会不可或缺的一部分，而太空光通信作为一项先进的通信技术，正在成为连接地球和宇宙的桥梁。本书将探讨太空光通信的定义、原理、应用领域和未来发展方向。

（一）太空光通信的定义

太空光通信是指利用光波在太空中传递信息的通信技术。与传统的电磁波通信相比，太空光通信具有更高的传输速率和更大的带宽，这使得它成为未来深空通信的理想选择。太空光通信主要通过携带信息的光子在太空中进行数据传输，可以应用于卫星通信、深空探测、星际通信等领域。

（二）太空光通信的原理

1. 激光通信

太空光通信的核心技术之一是激光通信，它利用激光束传递信息。激光通信系统包括激光器、调制器、光学望远镜和接收器。激光器产生激光，调制器用于调制激光以携带信息，光学望远镜将激光束定向发送，接收器用于接收并解调接收到的信号。

2. 光纤通信

光纤通信是太空光通信的另一关键组成部分。通过使用光纤，可以减小光信号的传播损耗，并提高通信系统的稳定性。光纤通信系统包括发射器、光纤传输介质和接收器，通过这些组件，光信号可以在太空中高效传输。

（三）太空光通信的应用领域

1. 卫星通信

太空光通信在卫星通信领域有着广泛的应用。与传统的微波通信相比，太空光通信能够提供更高的数据传输速率和更大的通信容量，这对于卫星传输大量数据至关重要。此外，太空光通信还可以提高卫星通信系统的抗干扰性能，使其在复杂的电磁环境中更加可靠。

2. 深空探测

太空探测任务通常需要大量的数据传输，而太空光通信可以满足这一需求。例如，探测器可以通过携带激光通信设备，将探测到的数据以激光束的形式传回地球。这样的高速传输方式使得科学家能够更迅速地获取有关外太空的信息。

3. 星际通信

随着人类对星际空间的深入探索，星际通信成为未来的一项重要挑战。太空光通信作为一种高效的通信手段，可能成为连接星际社会的纽带。通过利用激光通信技术，人类可以实现与其他星际文明的信息交流，从而开启人类文明的星际时代。

（四）太空光通信的未来发展方向

1. 技术突破

未来太空光通信技术的发展将主要集中在提高传输速率、降低成本和增加通信距离等方面。技术突破可能包括更先进的激光器技术、更高效的光学调制方法和更先进的光纤材料。

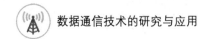

2. 自主卫星网络

太空光通信有望促进自主卫星网络的发展。通过建立独立的卫星通信网络，人类可以更好地应对地球上的自然灾害和人为干扰，提高通信系统的鲁棒性和可靠性。

3. 星际通信标准

随着星际探索的深入，有必要制定统一的星际通信标准，以确保不同星际社会之间的信息交流更加顺畅。这可能涉及制定激光通信协议、光学频率标准等方面的规范。

太空光通信作为未来通信领域的重要发展方向，将在卫星通信、深空探测和星际通信等领域发挥关键作用。通过不断的技术创新和应用拓展，太空光通信有望连接地球与宇宙，将人类推向一个全新的通信时代。

第六节　光通信技术的可持续发展

一、节能与环保

在全球范围内，节能与环保已经成为人们关注的焦点。随着人口的增长、工业化的加速和资源的不断耗竭，我们正面临着能源紧缺、环境污染和气候变化等重大挑战。为了实现可持续发展，促进经济的繁荣和社会的健康，我们需要采取有效的措施来节约能源、保护环境。本书将探讨节能与环保的概念、重要性、实施方式和未来发展趋势。

（一）节能与环保的概念

1. 节能的定义

节能是指在满足相同需求的情况下，通过采用新技术、新材料、新

166

工艺等手段，减少能源消耗的行为。节能的核心理念是在提高效益的同时，减少资源的浪费。

2. 环保的概念

环保是指通过各种手段和方法，保护和改善自然环境，防止或减少环境污染和资源的过度消耗。环保的目标是实现人类与自然的和谐共生，确保地球的可持续发展。

（二）节能与环保的重要性

1. 资源保护

随着全球人口的增加和经济的发展，资源的消耗呈现出加速的趋势。通过节能，可以减缓资源枯竭的速度，保护珍贵的自然资源，确保资源的可持续利用。

2. 减缓气候变化

能源消耗是导致温室气体排放的主要原因之一。通过采用清洁能源、提高能源利用效率等手段，可以减缓气候变化的速度，降低全球变暖的风险。

3. 改善环境质量

工业生产和交通运输等活动释放的废气、废水和固体废物对环境产生负面影响。通过环保措施，可以减少污染物的排放，改善大气、水体和土壤的质量，维护生态平衡。

4. 促进经济可持续发展

节能与环保不仅有助于环境保护，还可以促进经济的可持续发展。通过引入清洁技术和绿色产业，可以创造新的就业机会，推动经济增长。

（三）节能与环保的实施方式

1. 技术创新

技术创新是实现节能与环保的关键。通过引入高效能源技术、清洁生产技术和环保工艺，可以提高生产效率，降低资源和能源的消耗。

2. 政策法规

政府层面的政策法规对于推动节能与环保具有重要作用。通过制定法规、建立标准和实施奖惩措施，可以引导企业和个人采取环保措施，推动社会朝着可持续发展的方向发展。

3. 教育与宣传

通过教育和宣传，可以提高公众的环保意识，促使人们改变不良的生活习惯。培养人们对于节能与环保的重视，从而形成整个社会共同参与的环保氛围。

4. 绿色建筑

绿色建筑是一种注重节能与环保的建筑理念。通过采用节能材料、合理设计建筑结构、利用可再生能源等手段，可以减少建筑对资源和能源的消耗，降低运行成本，同时提供更健康、舒适的生活环境。

（四）未来发展趋势

1. 可再生能源的推广

未来，可再生能源将更加广泛的应用，包括太阳能、风能、水能等。通过大力发展可再生能源，可以减少对传统能源的依赖，推动能源结构的转型。

2. 智能科技的应用

智能科技的发展将在节能与环保领域发挥越来越大的作用。智能化的能源管理系统、智能交通系统等将提高资源利用效率，降低能源浪费。

3. 绿色金融的崛起

绿色金融将成为未来金融领域的一个重要发展方向。通过引入绿色信贷、绿色债券等金融工具，可以促使企业更多地投资于环保和可持续发展领域。

4. 全球合作与国际标准

面对全球性的环境问题，国际合作变得尤为重要。未来，国际社会将更加密切地合作，制定更为严格的环保标准，共同应对全球性的环境挑战。

节能与环保是实现可持续发展的关键举措，涉及全球各个层面的努力。通过技术创新、政策法规、教育宣传和绿色建筑等多方面的努力，可以有效减少能源消耗、改善环境质量，从而实现社会、经济和环境的协调发展。

然而，要想实现全球范围内的节能与环保目标，需要跨国界、跨行业的合作。各国政府、企业、科研机构和公众应共同努力，制定更加切实可行的战略和政策，推动技术创新和可持续发展理念的深入实施。

在未来的发展中，我们需要更多地关注可再生能源的开发和利用，推动智能科技的应用，促使绿色金融的崛起，建立全球范围内的绿色金融体系。同时，要加强国际合作，共同应对气候变化等全球性环境问题，制定统一的环保标准，实现全球环境保护的良性循环。

总体而言，节能与环保是一个复杂的系统工程，需要全社会的广泛参与。只有通过联合努力，才能够在保护地球环境的同时，确保经济的可持续发展，为后代创造更美好的未来。因此，每个人都应该积极行动，从自身做起，通过日常的生活和工作中的小改变，共同为构建一个更加环保、可持续的世界而努力。

二、循环利用与光通信

在当前全球资源有限且通信需求日益增长的背景下，循环利用和光通信成为推动可持续发展的两大关键要素。循环利用强调资源的有效再利用，减少浪费和环境污染，而光通信则侧重于提高通信效率、降低能耗，实现更清洁、高效的信息传输。本书将研究循环利用和光通信的概念、原理、应用及它们在可持续发展中的关联和互补性。

（一）循环利用的概念

1. 定义

循环利用，又称为循环经济，是一种基于资源最大程度再利用的经济模式。它通过延长产品寿命周期、提高资源利用率、减少废弃物的产生等手段，实现了资源的循环利用，减少对自然资源的过度开采。

2. 原理

产品设计原理：通过设计更易于拆解和回收的产品，减少资源浪费。

再制造原理：将废弃产品进行修复和再制造，延长产品寿命周期。

循环供应链原理：构建循环供应链，将废弃物转化为新的资源。

3. 应用领域

循环利用可以应用于各个领域，包括但不限于制造业、建筑业、电子废弃物处理等。通过实践循环利用，可以有效减少资源消耗、环境污染，实现可持续发展。

（二）光通信的概念

1. 定义

光通信是一种利用光波进行信息传输的通信技术。相比传统的电磁波通信，光通信具有更高的传输速率、更大的带宽，适用于长距离高速数据传输。

2. 原理

激光通信原理：利用激光光源产生激光，通过光纤或自由空间传输信息。

光纤通信原理：利用光纤作为传输介质，通过调制光信号进行信息传输。

光学放大原理：使用光学放大器增强光信号，提高通信距离和质量。

3. 应用领域

光通信广泛应用于长途通信、互联网、数据中心互连等领域。其高速、高带宽的特点使其成为现代通信网络的关键技术。

（三）循环利用与光通信的关联

1. 资源节约

循环利用注重通过产品寿命周期管理，延长产品的使用寿命，减少废弃物。在光通信中，采用光纤等材料具有较长的使用寿命，不仅降低了材料的消耗，同时减少了光通信设备的更替频率。

2. 废弃物再利用

循环利用的核心概念之一是废弃物的再利用。在光通信中，废弃的光纤设备、激光器等可以通过适当的处理和维修再次投入使用，降低了新设备的制造成本和对新资源的依赖。

3. 能源效率

光通信作为一种高效的通信技术，相比传统的电磁波通信，具有更低的能耗。循环利用通过降低能耗、提高资源利用效率等方式，实现了对能源的更加可持续的利用。

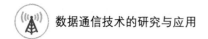

4. 绿色材料应用

循环利用中倡导使用环保材料，而光通信中广泛使用的光纤材料不仅具有高效的通信性能，而且属于绿色材料，不会对环境造成污染。

（四）循环利用与光通信的未来展望

1. 智能化循环利用

未来，随着物联网、人工智能等技术的发展，可以实现智能化的循环利用管理。通过感知技术、大数据分析，实现对废弃物的智能回收和再利用。

2. 光通信网络的拓展

随着数字化时代的来临，对通信速率和带宽的需求不断增加。未来，光通信技术将继续发展，包括光子计算、量子通信等领域的拓展，以满足更为复杂的通信需求。

3. 整合循环利用与光通信的创新

未来的科技创新将更加强调循环利用与光通信的整合。例如，可以通过研究新型的可再生材料，应用于光通信设备的制造，实现资源的最大化再利用。

4. 全球合作推动可持续发展

循环利用与光通信都是全球性的课题，因此，未来的发展需要更多的国际合作，共同推动可持续发展的目标。国际社会可以加强技术交流、共享最佳实践，共同应对全球性的资源浪费和环境问题。

5. 生态经济的崛起

循环利用与光通信的发展也将有助于推动生态经济的崛起。生态经济强调经济活动与生态系统的协同发展，通过提高资源效率、减少废弃物产生，实现经济与生态环境的良性循环。循环利用和光通信作为生态经济的关键支撑，将共同为建设更加可持续的经济模式贡献力量。

6. 社会责任的强调

企业在推动循环利用与光通信发展中，逐渐认识到社会责任的重要性。通过制定可持续发展战略、推动绿色创新、开展社会责任项目，企业可以在推动可持续发展方面发挥更积极的作用，从而构建更为和谐的社会。

循环利用与光通信作为推动可持续发展的重要组成部分，共同构筑了一个资源高效利用、清洁能源驱动的未来。循环利用通过改变传统的线性经济模式，提倡资源的最大化再利用，降低了对自然资源的依赖，减缓了环境污染和资源枯竭的速度。而光通信作为高效能源的通信技术，为信息社会的发展提供了坚实的基础。

两者的关联在于共同推动了科技的创新，实现了资源和信息的高效利用。循环利用提供了环保和资源可持续利用的基础，而光通信则通过提高信息传输效率，降低通信的能耗，为可持续发展提供了创新的动力。

未来，循环利用与光通信的发展将更加紧密地结合在一起，共同推动着人类社会的可持续发展。通过科技的不断创新，国际社会的合作，以及企业和个人的共同努力，我们有信心在推动可持续发展的道路上迈出更加坚实的步伐。循环利用与光通信将在这一伟大的事业中发挥越来越重要的作用，为人类创造一个更加繁荣、清洁、和谐的未来。

三、社会责任与光通信技术

在当今社会，企业和科技的发展不仅仅关注经济利益，也越来越强调社会责任。社会责任是企业在经济运营的同时对社会和环境负有的一种责任，而光通信技术作为现代通信领域的重要组成部分，也承载着对社会的责任。本书将探讨社会责任的概念、企业在社会责任中的作用，以及光通信技术在社会责任履行中的作用和影响。

（一）社会责任的概念

1. 社会责任的定义

社会责任是指企业对社会的经济、法律、道德等方面所负有的义务和责任。这包括了企业在经营过程中，除了追求经济效益外，还需关注对员工、消费者、社区和环境的影响，以及遵守法规、道德标准等方面的责任。

2. 企业社会责任的三重底线

企业社会责任通常被定义为三重底线，即经济责任、社会责任和环境责任。企业需要在取得经济利润的同时，关注社会公平、员工权益，以及对环境的可持续性影响。

（二）企业在社会责任中的作用

1. 员工权益

企业社会责任的一个重要方面是对员工的关注。这包括提供合理的薪资福利、安全的工作环境，以及员工培训和职业发展机会。通过关心员工，企业不仅可以提高员工的工作满意度，也可以提升企业的声誉和吸引力。

2. 社区投入

企业应当积极参与社区建设，回馈社会。这可以通过捐款、志愿活动、支持当地教育和文化事业等方式实现。通过社区投入，企业可以树立良好的形象，同时促进社区的可持续发展。

3. 环境保护

环境责任是企业社会责任的重要组成部分。企业应当采取措施降低碳排放、减少资源浪费、推动清洁能源应用等，以减轻对环境的不良影响。环保措施不仅有助于维护生态平衡，也有助于企业形象的提升。

（三）光通信技术的社会责任作用

1. 提升信息可及性

光通信技术通过提高通信速度和带宽，促进信息的传递和共享，有助于提升社会的信息可及性。这对于推动教育、促进科技创新、改善医疗服务等方面都具有积极的社会影响。

2. 支持可持续发展

光通信技术作为清洁、高效的通信手段，有助于降低通信的能耗，推动信息社会的可持续发展。与传统的电磁波通信相比，光通信的能效更高，更适合在绿色能源背景下推动社会发展。

3. 促进数字包容

光通信技术的发展可以促进数字包容，缩小信息鸿沟。通过提供高速稳定的网络连接，将信息传递到更广泛的地区，让更多人能够分享到全球信息资源，从而实现社会的包容性发展。

4. 支持智能城市建设

光通信技术是构建智能城市的关键技术之一。通过光通信技术，城市可以实现更智能的交通管理、能源利用、环境监测等功能，提升城市的可持续性和生活质量。

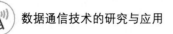

（四）企业在推动光通信技术中的社会责任

1. 推动技术创新

企业在光通信技术领域的投入不仅是为了经济效益，更是为了推动技术创新，提升社会通信水平。通过不断引入新技术、新产品，企业可以推动整个行业的发展，服务社会的不断需求。

2. 关注网络安全

在推动光通信技术的发展过程中，企业需要重视网络安全。通过加强信息加密、建立安全的通信网络，企业可以有效防范网络攻击和隐私泄露，保障社会的信息安全。

3. 可持续供应链

企业在光通信技术的发展中，应当关注整个供应链的可持续性。这包括对材料的选择、生产过程的环保、产品的再利用和回收等方面。通过构建可持续的供应链，企业可以减轻对环境的负面影响，体现社会责任。

4. 社会培训与普及

企业在推广光通信技术的同时，也应当积极进行社会培训和普及工作。这涉及为社会各界提供相关技术的培训，促使更多人了解和使用光通信技术。通过这种方式，企业不仅有助于提升社会整体的科技水平，还能够创造更多的就业机会，实现社会的共同繁荣。

（五）未来展望与挑战

1. 技术创新的推动

未来，随着信息社会的不断发展，光通信技术将面临更大的挑战和机遇。企业需要不断进行技术创新，以适应日益增长的通信需求，提高通信网络的速度、稳定性和可靠性。

2. 数字不平等的关注

虽然光通信技术有助于提高数字包容性，但也需要注意数字不平等的问题。在推广技术的同时，应当关注地区之间、社会群体之间的数字差距，确保技术的普及是全面的、包容的。

3. 资源可持续利用

在光通信技术的制造和使用过程中，需要注意材料的选择和资源的可持续利用。企业应当努力降低光通信设备的制造成本，提高设备的寿命，推动循环经济的发展。

4. 网络安全的挑战

随着光通信技术的普及，网络安全问题也将成为一个持续关注的焦点。企业需要投入更多的资源在网络安全技术研发上，保障用户的隐私和信息安全。

5. 社会接受度的提高

光通信技术的广泛应用需要社会的认可和接受。企业在推广光通信技术的同时，需要进行公共关系活动，提高公众对于新技术的理解和接受度。

社会责任和光通信技术是相辅相成、相互促进的关系。企业在光通信技术领域的投入和发展，不仅为其自身带来了商业机会，也为社会带来了更高效、更智能的通信服务。同时，企业在推动光通信技术的发展中，需要充分履行社会责任，关注员工权益、支持社区建设、保护环境等方面。

未来，随着科技的不断发展，社会责任和光通信技术的关系将更加紧密。在全球范围内，企业需要积极应对社会和环境的挑战，通过技术创新和社会责任的共同推动，为构建更加可持续、包容、繁荣的未来社会作出贡献。同时，社会也需要更加理性看待新技术的发展，鼓励和支持那些在技术创新中积极履行社会责任的企业，共同迈向更加美好的明天。

第四章

云计算与数据通信

第一节　云计算基础

一、云计算体系结构

随着信息技术的飞速发展，云计算作为一种基于网络的计算模式，已经成为推动数字化时代的关键基础设施之一。云计算提供了灵活、可扩展、高效的计算资源，为企业和个人提供了强大的计算和存储能力。本书将探讨云计算体系结构的概念、架构、关键组件以及其在不同领域的应用。

（一）云计算的基本概念

1. 定义

云计算是一种基于互联网的计算方式，通过网络提供计算和存储服务。用户可以通过互联网按需获取和释放计算资源，无须关心底层的硬件和软件架构。

2. 关键特点

按需自助服务：用户可以根据需求自助获取计算资源，而无须人工干预。

广泛网络访问：用户可以通过各种设备和网络访问云计算服务，实现全球范围内的资源共享。

资源池化：提供的计算资源以池的形式存在，多个用户共享这些资源，提高了资源利用率。

快速弹性：用户可以迅速扩展或缩减所使用的计算资源，适应业务的变化。

度量服务：提供了对计算资源使用情况的监控、测量和报告服务，使用户能够了解资源的实际使用情况。

（二）云计算体系结构的构成

云计算体系结构包括了一系列的层次和组件，其基本架构通常分为三层：云服务模型、云部署模型、云管理平台。

1. 云服务模型

基础设施即服务（IaaS）：提供计算、存储和网络等基础设施资源，用户可以在此基础上构建自己的应用和环境。

平台即服务（PaaS）：提供了更高层次的服务，包括开发、测试、部署等，用户无须关心底层的硬件和操作系统。

软件即服务（SaaS）：提供完整的应用程序，用户通过互联网直接使用，无须安装和维护。

2. 云部署模型

公共云：由云服务提供商建设和维护，对外提供服务，多租户共享资源，例如 Amazon Web Services（AWS）、Microsoft Azure 等。

私有云：由单一组织或企业独立拥有和运营，用于内部员工或合作伙伴，提供更高的安全性和隐私保护。

混合云：结合了公共云和私有云的特点，允许数据和应用在私有云和公共云之间流动，以满足不同的业务需求。

3. 云管理平台

云管理平台是云计算体系结构的核心组件，负责管理和监控云计算环境，包括资源的调度、性能监测、安全管理等。这通常包括自动化管理、资源池管理、用户身份验证等功能。

（三）云计算的关键组件

1. 虚拟化技术

虚拟化是云计算实现资源池化的基础。通过将计算资源、存储资源和网络资源虚拟化，可以实现资源的灵活分配和利用。常见的虚拟化技术包括虚拟机（VM）和容器技术。

2. 分布式存储

云计算中的分布式存储系统能够提供高可用性、容错性和可扩展性。对象存储和分布式文件系统是云计算中常见的分布式存储方案，如Amazon S3、Hadoop Distributed File System（HDFS）等。

3. 网络服务

网络是云计算中至关重要的一环。

负载均衡：用于在多个服务器之间平均分配网络流量，确保每个服务器都能够有效地处理请求，提高整个系统的性能和可用性。

虚拟私有网络：通过加密和隧道技术，为用户提供安全的网络连接，使得用户能够在不同地点安全地访问云计算资源。

边缘计算：将计算资源和存储资源放置在离用户较近的位置，以减少网络延迟，提高数据传输速度，适用于对实时性要求较高的应用场景。

4. 安全性和身份管理

身份和访问管理（IAM）：确保只有授权的用户能够访问云资源，提供身份验证、授权和审计功能，保护系统的安全性。

加密技术：对数据进行加密，保护数据在传输和存储过程中的安全，防止未经授权的访问。

安全监控和审计：实时监控云计算环境的安全状态，记录和分析日志，以便发现潜在的安全威胁和追踪不正常的活动。

5. 自动化管理

自动化部署：通过自动化工具，实现应用程序和服务的快速部署，减少人工干预，提高系统的可靠性和灵活性。

自动化扩展：根据系统负载的变化，自动调整计算和存储资源，以确保系统在高负载时能够保持高性能。

自动化备份和恢复：定期自动备份数据，确保数据的安全性，并能够在发生故障时迅速恢复。

（四）云计算在不同领域的应用

1. 企业 IT 管理

云计算为企业提供了更加灵活和高效的 IT 管理方式。企业可以通过采用云计算服务，实现资源的按需分配，降低硬件和软件的维护成本，提高 IT 资源的利用率。

2. 大数据分析

云计算提供了大规模计算和存储资源，使得大数据的处理和分析更加高效。通过云计算服务，企业可以在需要时快速扩展计算能力，处理海量数据，提取有价值的信息。

3. 人工智能和机器学习

在人工智能和机器学习领域，需要大量的计算资源和存储空间。云计算提供了弹性的资源分配和高性能计算环境，为人工智能和机器学习的应用提供了便利条件。

4. 物联网应用

随着物联网设备的普及，云计算为物联网提供了强大的支持。物联网设备可以通过云计算平台进行数据存储、分析和控制，实现设备之间的协同工作。

5. 在线服务和应用

很多在线服务和应用，如社交媒体、在线购物等，都基于云计算构建。云计算提供了高可用性、可扩展性的基础设施，确保这些服务在大规模用户访问时能够保持稳定和高效。

（五）未来发展趋势

1. 边缘计算的普及

随着物联网的不断发展，边缘计算作为云计算的延伸，将更加普及。边缘计算能够在离用户更近的地方处理数据，降低网络延迟，提高服务响应速度。

2. 多云和混合云的趋势

未来企业可能会采用多云和混合云的部署模型，以充分利用各云服务商的特点和资源，同时提高系统的弹性和可用性。

3. 容器技术的广泛应用

容器技术，如 Docker 和 Kubernetes，将在云计算中得到广泛应用。容器技术提供了更加轻量级和可移植的应用部署方式，使得应用更容易迁移和管理。

4. 服务器架构的演进

未来服务器架构可能会更加注重能效和性能的平衡，同时在硬件层面上优化，以适应云计算对于计算、存储和网络的不断升级的需求。

云计算作为信息技术领域的一大创新，已经在各行各业产生深远的影响。其灵活的部署方式、高效的资源利用和广泛的应用领域，使得云计算成为连接未来数字化社会的重要基石。云计算体系结构的不断演进，将为数字化时代带来更多的机遇和挑战。在未来的发展中，随着技术的不断创新和需求的日益增长，云计算将继续在全球范围内扮演关键的角色，推动着信息社会的进一步发展。

二、虚拟化技术

随着信息技术的迅速发展，虚拟化技术逐渐成为现代计算环境的基础构建模块。虚拟化通过将硬件和软件资源进行抽象，使得多个虚拟环境可以运行在同一物理设备上，从而提高资源的利用率、灵活性和可扩展性。本书将探讨虚拟化技术的定义、原理、类型，以及在各个领域的应用。

（一）虚拟化技术的基本概念

1. 定义

虚拟化是一种通过软件或硬件技术，将计算资源抽象出来，使得多个虚拟实例可以在同一物理设备上运行的技术。这包括计算、存储、网络等资源的虚拟化。

2. 关键特点

资源隔离：虚拟化技术能够在同一物理设备上创建多个虚拟实例，实现资源的隔离，确保彼此之间不会相互影响。

资源抽象：将底层的硬件资源进行抽象，使得应用程序和操作系统不需要关心底层硬件的细节，提高了可移植性。

动态配置：虚拟化环境下的资源可以根据需要进行动态分配和配置，实现弹性的资源管理。

（二）虚拟化的工作原理

1. 硬件虚拟化

硬件虚拟化是通过在物理硬件上运行虚拟机监视器（Hypervisor）或虚拟机管理程序（VMM）来实现的。Hypervisor 是一种监控程序，它在物理硬件和虚拟机之间充当中介，负责管理虚拟机的创建、运行和销毁。

2. 虚拟机

虚拟机（VM）是一个完整的虚拟计算环境，包括虚拟的 CPU、内存、硬盘、网络接口等。每个虚拟机都运行着一个完整的操作系统和应用程序，但它们共享同一物理硬件。

3. 容器虚拟化

与传统的虚拟化方式不同,容器虚拟化更注重应用程序层面的隔离。容器是一种轻量级的虚拟化技术，通过共享主机操作系统的内核，实现更高效的资源利用和更快速的启动时间。

（三）虚拟化的类型

1. 服务器虚拟化

服务器虚拟化是最为常见的一种虚拟化形式，它允许在一台物理服务器上运行多个虚拟机，每个虚拟机都可以独立运行不同的操作系统和应用程序。这提高了服务器的利用率，降低了硬件成本。

2. 存储虚拟化

存储虚拟化通过在物理存储设备上创建虚拟存储池，将多个物理存储资源整合成一个逻辑存储单元。这样存储资源的管理变得更为灵活，可以根据需要进行扩展和配置。

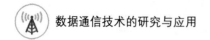

3. 网络虚拟化

网络虚拟化允许在一台物理网络设备上创建多个逻辑网络。这提供了更高的网络资源利用率和更好的网络隔离，同时简化了网络配置和管理。

4. 桌面虚拟化

桌面虚拟化允许多个用户共享一台物理计算机，并在其上运行独立的虚拟桌面。这种方式可以降低硬件成本，提高对桌面环境的管理和控制。

（四）虚拟化技术的应用领域

1. 数据中心和云计算

虚拟化技术是构建云计算基础设施的关键。通过在数据中心中使用虚拟化，可以实现资源的弹性分配和利用，提高整个数据中心的效率和可扩展性。

2. 开发和测试环境

虚拟化提供了创建和管理多个开发和测试环境的便捷方式。开发人员可以在各种操作系统和配置下测试应用程序，而无须物理设备。

3. 应用隔离和容器化

容器虚拟化技术如 Docker 等在应用程序部署和隔离方面具有显著优势。它允许应用程序和其依赖的软件在相对隔离的环境中运行，提高了应用程序的可移植性和部署效率。

4. 灾备和容灾

虚拟化技术使得在不同地理位置部署虚拟机变得更为容易，从而提高了灾备和容灾的能力。在故障发生时，虚拟机可以迅速在备用站点上启动，确保业务的连续性。

（五）虚拟化技术的优势和挑战

1. 优势

资源利用率提高：虚拟化允许多个虚拟机或容器共享同一物理设备，提高了硬件资源的利用率，降低了硬件成本。

灵活性和可扩展性：虚拟化技术使得资源可以根据需求进行动态分配和配置，提高了系统的灵活性和可扩展性，使其更好地适应不断变化的业务需求。

隔离和安全性：虚拟化提供了虚拟机和容器之间的隔离，使得不同的应用程序可以在相对独立的环境中运行，提高了安全性和稳定性。

快速部署和备份：虚拟化环境下的虚拟机或容器可以在短时间内快速部署，简化了应用程序的开发、测试和部署过程。同时，备份和恢复也变得更为简便。

2. 挑战

性能开销：虚拟化引入了一定的性能开销，尤其是在计算密集型和 I/O 密集型工作负载下。虚拟化层的存在可能导致一些性能上的损失。

管理复杂性：管理虚拟化环境需要专业的技能和工具，包括虚拟机监视器、管理平台等。在大规模的虚拟化环境中，管理和监控变得更加复杂。

安全性考虑：虚拟化环境中的虚拟机之间可能存在一些安全隐患，如虚拟机逃逸攻击。因此，需要采取一些额外的安全措施来保护虚拟化环境。

许可和成本：虚拟化技术通常需要购买专业的虚拟化软件，而且在大规模应用时，可能需要投入较大的成本。此外，一些应用程序的许可模型可能需要根据虚拟机的数量进行调整。

（六）未来发展趋势

1. 容器化技术的兴起

容器化技术，如 Docker 和 Kubernetes，正逐渐成为虚拟化的新趋势。与传统虚拟化相比，容器更为轻量级，启动更快，适合于构建和部署分布式应用。

2. 边缘计算的发展

随着边缘计算的兴起，虚拟化技术也将在边缘设备上发挥关键作用。通过在边缘设备上部署虚拟化环境，可以更好地支持边缘计算场景下的应用需求。

3. Serverless 计算

Serverless 计算是一种新兴的云计算模型，它进一步抽象了应用程序的运行环境，使得开发者可以更专注于编写代码而无须关心底层的虚拟化和服务器管理。

4. 混合云和多云架构

企业在构建 IT 基础设施时越来越倾向于混合云和多云架构。这使得虚拟化技术需要更好地支持不同云环境间的协同工作和资源迁移。

虚拟化技术作为现代计算环境的关键技术之一，已经在各个领域取得了显著的成功。其优势在于提高资源利用率、灵活性和可扩展性，为企业构建高效的计算环境提供了重要支持。然而，虚拟化技术也面临一些挑战，如性能开销、管理复杂性和安全性考虑。

未来，随着新兴技术的不断涌现，虚拟化技术将继续发展演进。容器化技术、边缘计算、Serverless 计算等新的计算模型将与虚拟化技术相互融合，共同推动着数字化时代的发展。在面对新的挑战和机遇时，虚拟化技术将继续发挥其关键作用，为构建灵活、可扩展的计算环境做出贡献。

三、云服务与资源管理

云服务与资源管理是当今数字化时代中至关重要的组成部分，它不仅提供了弹性的计算和存储资源，还为企业和个人提供了高效、可扩展的服务。云服务使得用户能够根据实际需求获取所需资源，而资源管理则是确保这些资源以最优方式被配置、监控和维护的过程。本书将探讨云服务的定义、分类，以及资源管理在云计算中的关键作用。

（一）云服务的基本概念

1. 定义

云服务是通过互联网提供的计算资源、存储资源和应用服务。用户可以通过云服务提供商按需获取和使用这些资源，而无须关心底层的硬件和软件架构。

2. 云服务的分类

基础设施即服务（IaaS）：提供计算、存储和网络等基础设施资源，用户可以在此基础上构建自己的应用和环境。

平台即服务（PaaS）：提供更高层次的服务，包括开发、测试、部署等，用户无须关心底层的硬件和操作系统。

软件即服务（SaaS）：提供完整的应用程序，用户通过互联网直接使用，无须安装和维护。

（二）云服务的关键特点

1. 弹性伸缩

云服务允许用户根据业务需求快速扩展或缩减其使用的资源。这种弹性伸缩的特性使得用户可以灵活应对不同业务负载的变化。

2. 按需付费

云服务通常采用按需付费的模式，用户只需支付实际使用的资源，而无须预先购买硬件或软件。这降低了企业的资本投入，并提高了成本的可预测性。

3. 全球范围网络访问

用户可以通过互联网从任何地方访问云服务，实现了全球范围内的资源共享。这为跨地域、跨国的企业提供了便利。

4. 资源池化

云服务中的计算、存储和网络等资源以池的形式存在，多个用户共享这些资源。这种资源池化的方式提高了资源的利用率。

（三）资源管理在云计算中的关键作用

1. 资源分配和调度

资源管理负责将云服务提供商的物理硬件资源合理地分配给用户。这包括计算资源、存储资源和网络资源的动态调度，以满足用户对这些资源的实际需求。

2. 性能监控和优化

资源管理需要实时监控云环境中各种资源的使用情况，以便识别潜在的性能问题。通过对性能数据的分析，可以进行优化，确保云服务的高效运行。

3. 容量规划

容量规划是确保云环境足够容纳用户需求的过程。通过分析历史数据和预测未来需求，资源管理可以做出适当的容量规划，以避免资源瓶颈和性能下降。

4. 故障恢复和可用性管理

在云计算环境中，资源管理需要实施故障恢复机制，确保在硬件或软件故障时能够快速、自动地进行恢复。可用性管理则涉及确保云服务始终可供用户访问。

5. 安全性管理

资源管理在云计算中也负责确保云环境的安全性。这包括访问控制、身份验证、数据加密等安全措施，以保护用户的数据和隐私。

（四）云服务与资源管理的应用领域

1. 企业 IT 管理

云服务与资源管理为企业提供了更灵活、高效的 IT 管理方式。企业可以根据实际需求动态调整资源，提高资源利用率，降低 IT 成本。

2. 大数据处理与分析

大数据处理需要大量的计算和存储资源，而这正是云服务与资源管理的优势所在。企业可以通过云服务提供商快速获取所需的资源，进行大规模的数据处理和分析。

3. 应用开发与测试

在应用开发和测试过程中，开发者可以利用云服务提供的弹性资源，快速部署和测试应用程序。这提高了开发周期的效率。

4. 在线服务和应用

很多在线服务和应用，如社交媒体、电子商务等，都基于云服务构建。这些服务可以通过弹性的资源分配，更好地应对用户访问量的波动。

（五）云服务与资源管理的挑战和未来发展趋势

1. 挑战

性能保障：在多租户的云环境中，如何保障每个用户的性能成为一个挑战。资源管理需要平衡不同用户之间的资源分配，防止某个用户对其他用户产生不公平的影响。

复杂性与管理难题：云环境的规模庞大，涉及的资源类型繁多，管理和监控这些资源的复杂性也相应增加。资源管理需要应对复杂的架构和多样的服务类型，确保高效运行。

安全性问题：云服务中涉及大量的数据传输和存储，因此安全性是一个持续的挑战。资源管理需要采取措施来防范潜在的安全威胁，包括数据加密、访问控制等。

2. 未来发展趋势

自动化与智能化：随着人工智能和自动化技术的发展，未来资源管理将更加自动化和智能化。自动化将能够更精准地响应变化，实现更高效的资源调度。

混合云和多云架构：企业逐渐趋向于采用混合云和多云架构，将不同云服务整合为一个统一的环境。资源管理需要适应这种复杂的架构，实现资源的高效协同使用。

Serverless 计算：Serverless 计算模型将进一步推动资源管理的演进。在 Serverless 模型下，资源管理将更加关注事件驱动和按需计算的特性，以适应更灵活的应用部署方式。

可持续性和绿色计算：随着可持续发展的理念日益受到关注，云服务提供商和资源管理者也将更加关注资源的能源消耗和环境影响。绿色计算将成为未来资源管理的一个重要方向。

云服务与资源管理在数字化时代的发展中扮演着关键的角色。通过提供弹性、按需的计算和存储资源，云服务为企业和个人提供了灵活、高效的服务方式。而资源管理则确保这些云服务在底层基础设施上以最优的方式运行，保障了性能、安全性和可用性。

面对未来的发展，云服务与资源管理将持续迭代和创新。自动化、智能化、可持续性等趋势将引领资源管理进入一个新的阶段。企业需要密切关注这些发展，以更好地利用云服务与资源管理的优势，推动数字化转型，并在竞争激烈的市场中保持竞争力。

第二节　数据中心与云存储

一、大规模数据中心设计

大规模数据中心是当今数字时代的基石，它们承载着海量数据的存储、处理和传输，为各行各业提供了高性能、高可用性的计算和存储服务。本书将探讨大规模数据中心的设计原理、关键组成部分，以及在数字化社会中的作用和挑战。

（一）大规模数据中心的基本概念

1. 定义

大规模数据中心是一种集中管理和运营的计算机设施，用于存储、处理和传输大规模的数据。这些数据中心通常由大量的服务器、网络设备和存储系统组成，通过高度互联的网络进行协同工作。

2. 特点

规模庞大：大规模数据中心通常包含数千到数百万台服务器，以及庞大的存储系统，以应对日益增长的数据需求。

高性能：为了处理海量的数据请求，大规模数据中心需要具备高性能的计算和存储能力，以确保用户获得快速的响应。

高可用性：数据中心需要提供高可用性的服务，确保即便在硬件故障或其他问题发生时，服务仍能保持稳定运行。

节能环保：由于数据中心消耗大量电能，节能环保成为设计的重要考虑因素。采用高效的散热系统、绿色能源等技术，以降低环境影响。

（二）大规模数据中心的设计原理

1. 服务器架构

集群化设计：大规模数据中心采用集群化设计，通过将多台服务器组成一个集群，提高整体性能和可扩展性。集群内的服务器可以共同处理任务，实现负载均衡。

虚拟化技术：利用虚拟化技术，将物理服务器划分为多个虚拟服务器，实现资源的灵活分配。这有助于提高服务器的利用率和降低能耗。

2. 网络架构

高带宽和低延迟：数据中心的网络需要提供足够的带宽，以应对大规模数据传输。同时，低延迟是保证用户获取实时响应的关键。

三层网络结构：典型的数据中心网络采用三层结构，包括核心层、汇聚层和接入层。这种结构简化了网络管理，提高了可扩展性。

3. 存储系统

分布式存储：为了应对大量的数据存储需求，大规模数据中心采用分布式存储系统，将数据分散存储在多个服务器上，提高了存储容量和可靠性。

固态硬盘：使用固态硬盘而非传统机械硬盘，能够提供更高的读写速度，加速数据检索和传输。

4. 散热和能源管理

冷热通道隔离：数据中心采用冷热通道隔离设计，将冷气和热气分开，提高了散热效率，降低了能耗。

智能能源管理：通过智能能源管理系统，监控和调整数据中心设备的能源消耗，以实现节能环保。

（三）大规模数据中心在数字化社会中的作用

1. 云计算服务

大规模数据中心为云计算提供了基础设施。云计算服务通过数据中心的高性能计算和存储资源，为企业和个人提供了灵活、按需的计算服务，推动了数字化转型。

2. 大数据处理和分析

在大规模数据中心中，大数据处理和分析变得更加高效。企业可以利用这些中心的强大计算和存储能力，从海量数据中提取有价值的信息，进行业务决策和创新。

3. 在线服务和应用

社交媒体、电子商务、在线娱乐等各种在线服务和应用，都离不开大规模数据中心的支持。这些中心为用户提供高可用性、高性能的服务，确保用户在任何时间、任何地点都能够快速访问和使用这些应用。

4. 科学研究和工程模拟

大规模数据中心在科学研究领域发挥着关键作用。研究人员可以利用这些中心的计算资源进行复杂的工程模拟、气候模型、医学研究等，推动科学进步和技术创新。

5. 物联网支持

随着物联网的发展，大规模数据中心为物联网设备提供了数据存储和计算能力。从智能家居到工业物联网，数据中心为物联网生态系统提供支持，促进智能化和自动化。

（四）大规模数据中心的挑战和未来发展趋势

1. 挑战

能源消耗：大规模数据中心的高密度计算和存储设备导致了巨大的能源消耗。解决这一问题需要不断提升能源效率，探索新的能源供应方式。

散热难题：大规模数据中心的散热问题也日益突出。高效的冷却系统和智能的散热设计成为关键，以防止过热对设备造成损害。

安全性和隐私：随着数据中心承载的数据规模增加，安全性和隐私保护变得更加重要。加强网络安全、数据加密等措施是必不可少的。

2. 未来发展趋势

边缘计算：随着边缘计算的兴起，大规模数据中心将向边缘推进。这意味着更多的计算任务会在离用户更近的地方执行，减少数据传输时间，提高响应速度。

新型硬件技术：新型硬件技术，如量子计算、光存储等，有望为大规模数据中心带来革命性的变革。这些技术可能提供更高的计算速度和更大的存储容量。

人工智能的应用：人工智能技术将在大规模数据中心中得到广泛应用，以提高资源利用率、优化数据管理，并实现更智能的运维和故障诊断。

可持续发展：可持续发展将成为大规模数据中心设计的核心考虑因素。采用更多的绿色能源、提高能源利用效率将成为未来发展的主要方向。

大规模数据中心作为数字时代的基础设施，扮演着连接信息世界的关键角色。其设计原理和架构体现了高度的技术创新和工程实践，为云计算、大数据、物联网等领域提供了强大的支持。然而，随着社会对信息和计算需求的不断增加，数据中心也面临着能源、散热、安全性等方面的挑战。

未来，随着新技术的不断涌现，大规模数据中心将继续演变和发展。边缘计算、人工智能、可持续发展等趋势将引领数据中心进入新的阶段。在不断应对挑战的同时，数据中心将继续为数字社会的发展提供强大的支持，推动科技创新和社会进步。

二、云存储系统与技术

随着信息技术的飞速发展，数字时代对于数据的存储和管理提出了巨大的需求。云存储系统应运而生，作为一种灵活、可扩展的存储解决方案，它不仅为用户提供了便捷的数据存储服务，还为企业和个人提供了高效的数据管理和备份手段。本书将探讨云存储系统的基本概念、关键技术、应用场景，以及未来发展趋势。

（一）云存储系统的基本概念

1. 定义

云存储系统是一种基于云计算技术的存储解决方案，用户可以通过互联网将数据存储在云服务提供商的服务器上，并通过相应的接口进行访问和管理。云存储通过将存储与计算资源分离，实现了灵活的存储能力，用户可以根据需要随时调整存储空间。

2. 特点

可扩展性：云存储系统支持根据用户需求动态扩展存储容量，避免了传统存储系统中硬件升级和扩容的繁琐过程。

高可用性：云存储系统通常采用分布式架构，数据存储在多个地理位置的服务器上，提高了系统的可用性，防止单点故障。

数据备份和恢复：云存储系统提供自动备份和恢复功能，确保用户的数据安全性。即使发生硬件故障或其他意外情况，用户的数据也能够迅速恢复。

按需付费：云存储系统通常采用按需付费的模式，用户只需支付实际使用的存储空间，降低了存储成本。

（二）云存储系统的关键技术

1. 分布式存储

数据分片：云存储系统将用户的数据切分为多个片段，并分布存储在不同的服务器上。这种数据分片的方式提高了系统的并发读写能力。

数据冗余：为了保证数据的可靠性，云存储系统通常采用数据冗余技术，将数据的多个副本存储在不同的节点上，防止数据丢失。

2. 数据加密与安全性

数据加密：云存储系统通过对数据进行加密，保障用户数据的隐私和安全。加密可以在数据传输过程中和数据存储过程中实现。

访问控制：为了防止未经授权的访问，云存储系统设置了严格的访问控制策略，确保只有经过授权的用户可以访问特定的数据。

3. 弹性存储

对象存储：云存储系统通常采用对象存储方式，将数据以对象的形式存储，每个对象都有唯一的标识符。这种方式简化了数据的管理和检索。

弹性存储服务：云存储系统提供了弹性存储服务，用户可以根据实际需求动态调整存储容量，而无须中断服务或进行复杂的配置。

4. 数据传输优化

内容分发网络（CDN）：通过采用 CDN 技术，云存储系统可以将用户的数据分发到全球多个节点，提高数据的访问速度和降低延迟。

断点续传：对于大文件的上传和下载，云存储系统支持断点续传功能，即用户可以在中断的地方继续上传或下载，提高传输的稳定性。

（三）云存储系统的应用场景

1. 企业数据备份与恢复

企业可以利用云存储系统进行关键数据的备份与恢复。云存储提供了高可用性和可靠性，确保企业数据在发生灾难性事件时能够快速恢复。

2. 多媒体存储与分享

个人用户可以通过云存储系统存储和分享大量的多媒体文件，如照片、音乐、视频等。用户可以通过云存储轻松访问自己的文件，也可以分享给他人。

3. 应用开发与部署

云存储系统为应用开发提供了方便的存储服务。开发者可以将应用所需的文件、配置信息等存储在云存储系统中，实现应用的快速部署和更新。

4. 物联网数据存储

随着物联网设备的普及，产生的数据量急剧增加。云存储系统提供了可扩展的存储解决方案，支持物联网设备上传和存储海量数据。

（四）云存储系统的挑战和未来发展趋势

1. 挑战

数据安全性：尽管云存储系统提供了多层次的数据安全措施，但数据泄露和滥用仍然是一个严峻的挑战。保障用户数据的隐私和安全需要不断加强加密技术、身份验证和访问控制等方面的措施。

性能与延迟：随着数据规模的增长，云存储系统需要应对更高的读写负载，保持稳定的性能。降低数据传输的延迟，提高访问速度也是一个亟待解决的问题。

标准和互操作性：由于不同云存储提供商采用不同的技术和标准，用户可能面临数据迁移和互操作性的问题。制定统一的云存储标准将是未来的一个挑战。

2. 未来发展趋势

更强大的安全性：云存储系统将进一步加强数据的安全性，包括更高级别的数据加密、更智能的访问控制，以及全面的威胁检测和防御机制。

增强的性能与效率：随着技术的不断进步，云存储系统将迎来更强大的硬件和更优化的算法，以提高存储和访问的性能，降低系统的能耗。

边缘云存储：随着边缘计算的兴起，云存储系统将更加注重将数据存储和处理推向离用户更近的边缘节点，减少传输延迟，提高服务的响应速度。

智能化管理：云存储系统将采用更智能的管理和优化机制，通过机器学习和自动化技术，实现对存储资源的更加智能、自动化的调度和管理。

多云存储和混合存储：未来云存储系统可能更加注重多云存储和混合存储的方案，使用户能够更灵活地选择和管理存储资源，同时降低对单一提供商的依赖。

云存储系统作为数字时代存储领域的重要组成部分，为用户和企业提供了灵活、高效的数据存储服务。其关键技术包括分布式存储、数据加密与安全性、弹性存储和数据传输优化等。在各种应用场景中，云存储系统都发挥着重要作用，从企业备份到个人多媒体存储，再到应用开发与部署，都离不开云存储的支持。

然而，云存储系统面临着一系列挑战，包括数据安全性、性能与延迟、标准与互操作性等问题。未来，随着技术的不断发展，云存储系统将在安全性、性能、智能化管理等方面迎来更多的创新。多云存储和边缘存储等新技术将成为云存储系统未来发展的重要趋势，为用户提供更为强大、智能和便捷的存储解决方案。

三、数据安全与隐私保护

在数字社会中，数据已成为最宝贵的资源之一，其安全与隐私的保护成为亟待解决的重要问题。随着信息技术的飞速发展，数据的产生、传输和存储规模大幅增加，但同时也伴随着更多的数据安全风险和隐私泄露威胁。本书将探讨数据安全与隐私保护的重要性、挑战、关键技术与策略，并探讨未来趋势。

（一）数据安全与隐私保护的重要性

1. 信息社会的支柱

在数字化时代，数据被认为是信息社会的支柱。企业、政府机构、医疗机构等各行各业都依赖于数据来进行业务决策、提供服务、进行创新研究等。因此，数据的安全性和隐私保护直接关系到社会稳定、经济发展和个人权益。

2. 个人隐私的尊重

个人隐私权是一项基本人权，而数字时代的数据活动使得个人隐私更容易受到侵犯。个人信息泄露可能导致身份盗窃、诈骗等问题，因此保护个人隐私不仅是一种法律责任，更是对个体权益的尊重。

3. 信任的基础

在数字社会，人们对于数据的信任是建立在数据安全和隐私保护的基础上的。企业需要赢得客户和合作伙伴的信任，政府需要保障公众对其数据管理能力的信任，而这都离不开对数据安全与隐私的切实保护。

（二）数据安全与隐私保护的挑战

1. 数据泄露与攻击

网络攻击：黑客通过各种手段攻击网络系统，获取敏感数据。常见的攻击包括 DDoS 攻击、SQL 注入、恶意软件等。

内部威胁：来自组织内部员工的恶意活动或疏忽也是数据泄露的重要原因。员工可能泄露敏感信息、滥用权限，或者在不慎的情况下导致数据泄露。

2. 隐私侵犯与监控

数据滥用：企业和服务提供商可能滥用用户数据，例如未经用户同意的个人信息收集、广告定位等。

监控和追踪：政府或其他机构可能通过大规模监控手段收集个人信息，侵犯公民的隐私权。

3. 技术复杂性与快速发展

随着技术的快速发展，新的安全威胁和攻击手段层出不穷。对于组织来说，不断更新和升级安全措施以应对新的威胁是一项巨大的挑战。

4. 合规性与国际化

不同国家和地区对于数据安全与隐私的法规标准不尽相同，组织需要面对复杂的合规性要求。同时，国际化业务可能涉及到跨国数据传输和处理，引发法规之间的冲突。

（三）数据安全与隐私保护的关键技术与策略

1. 数据加密技术

端到端加密：通过在数据传输的起始点和终点进行加密，确保数据在传输过程中不被窃取或篡改。

存储加密：将数据在存储介质上进行加密，即使存储介质被盗或丢失，也不容易被解密。

2. 身份验证与访问控制

多因素身份验证：引入多个身份验证因素，如密码、生物识别信息等，提高身份验证的安全性。

细粒度访问控制：确保只有经过授权的用户才能访问特定的数据，避免敏感信息的泄露。

3. 隐私保护技术

数据匿名化：对于一些不需要具体身份的数据，采用匿名化处理，保护个人隐私。

隐私保护协议：设计和实施合适的隐私保护协议，规范数据的收集、存储和使用。

4. 安全培训与教育

员工培训：加强员工的安全意识，教育员工防范社交工程攻击、不点击恶意链接等行为。

定期演练：定期进行安全演练，测试组织在面临安全威胁时的应急响应能力。

合规性管理与法律意识

合规性审计：定期进行合规性审计，确保组织符合各种国家和行业的数据安全与隐私法规。

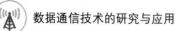

法律合规意识：组织需要建立法律合规意识，了解并遵守适用的数据安全和隐私法规，以减少法律风险。

5. 安全审计与监控

日志记录：建立全面的日志记录系统，记录系统和用户活动，以便在发生安全事件时进行溯源和分析。

实时监控：部署实时监控系统，能够及时发现异常行为和潜在威胁，采取相应的安全措施。

6. 安全更新与漏洞管理

定期更新：及时应用安全更新和补丁，确保系统和应用程序不受已知漏洞的威胁。

漏洞管理：建立漏洞管理制度，对系统和应用进行定期漏洞扫描和评估，及时修复潜在漏洞。

（四）未来趋势

1. 人工智能在安全中的应用

随着人工智能技术的发展，将在数据安全与隐私保护中发挥更为重要的作用。机器学习算法可以帮助识别异常行为、检测潜在威胁，并加强对安全事件的自动响应能力。

2. 区块链技术的应用

区块链技术以其分布式、不可篡改的特性，被广泛看作提高数据安全性和透明度的手段。在数据隐私保护方面，区块链可以帮助建立更加安全的身份验证和访问控制系统。

3. 边缘计算的兴起

边缘计算将计算和数据处理推向距离数据源更近的地方，减少了数据在传输过程中的风险。这有助于提高数据的安全性，并降低由于数据在传输过程中被攻击或泄露的可能性。

4. 可信计算的发展

可信计算是一种通过硬件和软件合作，确保系统在未经授权的情况下无法对其进行恶意修改的技术。这有助于增强数据在处理和存储过程中的安全性。

5. 个体数据主权的强调

未来，个体数据主权将更加受到重视。个体用户将拥有更多对自己数据的控制权，企业和组织需要更加尊重和保护用户的数据隐私。

数据安全与隐私保护在数字社会中至关重要，不仅关系到个体权益，也关系到社会的信任和稳定。面对日益增长的数据安全威胁和隐私泄露风险，组织和个人需要采取一系列的技术手段和策略，从加密技术到身份验证、从合规性管理到监控与漏洞管理，综合应对各种潜在风险。

未来，随着技术的发展，人工智能、区块链等新技术将在数据安全与隐私保护领域发挥越来越重要的作用。同时，对于个体数据主权的强调将推动社会更加注重个体隐私权的保护，构建更为安全、透明的数字社会。在这一过程中，技术、法律、伦理等多方面因素的协同发展将是确保数据安全与隐私保护的关键。

第三节　边缘计算与边缘数据通信

一、边缘计算基础

随着物联网、5G 等技术的快速发展，边缘计算作为一种新兴的计算模式，逐渐引起了广泛关注。边缘计算将计算资源推向数据产生源头附近，实现更低延迟、更高效率的数据处理。本书将探讨边缘计算的基本概念、关键特征、架构体系，以及应用场景。

（一）边缘计算的基本概念

边缘计算是一种分布式计算范式，其核心思想是将计算任务和数据处理推向网络边缘，即距离数据产生源头更近的位置。传统的云计算模式中，数据通常需要传输到云端进行处理，而边缘计算通过在离数据源头更近的位置进行计算，实现了更低延迟、更高带宽和更灵活的计算模式。

（二）边缘计算的关键特征

1. 低延迟

边缘计算的主要目标之一是降低数据传输和处理的延迟。通过在离数据源头更近的位置进行计算，可以减少数据传输的时间，实现更即时的响应。

2. 高带宽

边缘计算系统通常部署在接近终端用户或物联网设备的位置，这意味着可以更充分地利用本地网络资源，实现更高带宽的数据传输。

3. 数据隐私保护

由于边缘计算将计算推向数据产生源头，一些敏感数据可以在本地进行处理，而无须传输到云端。这有助于提高数据的隐私保护水平。

4. 灵活性与可扩展性

边缘计算系统具有较高的灵活性和可扩展性，能够根据不同的应用需求灵活部署和管理计算资源。这使得边缘计算系统更好地适应不同的场景和工作负载。

（三）边缘计算的架构体系

1. 设备层

设备层是边缘计算的底层基础，包括各种物联网设备、传感器和终端设备。这些设备产生大量数据，是边缘计算的数据源。

2. 边缘层

边缘层是边缘计算的核心，包括边缘计算节点和网关设备。边缘计算节点负责数据处理和计算任务执行，而网关设备则负责连接设备层和边缘计算节点。

3. 云层

云层是边缘计算的上层，通常包括云计算数据中心。在云层，可以进行更为复杂和大规模的数据处理、存储和分析。边缘计算与云计算形成协同，共同构建一个完整的计算体系。

（四）边缘计算的应用场景

1. 智能城市

在智能城市中，边缘计算可以用于监控交通、城市基础设施、环境等方面。通过在城市的边缘部署计算节点，可以实现更及时、高效的数据处理和决策。

2. 工业物联网

在工业物联网中，大量的传感器和设备产生实时数据，需要快速而有效地进行处理。边缘计算可以在生产线上部署计算节点，实现实时监测、控制和优化生产过程。

3. 智能零售

在零售行业，边缘计算可用于实时监测顾客行为、管理库存、进行精准推荐等。通过在零售店内部署边缘计算节点，可以提升顾客体验和商业效益。

4. 医疗健康

在医疗健康领域，边缘计算可以用于实时监测患者的生理数据、辅助医疗诊断。通过在医疗设施或患者身边部署计算节点，可以实现更为及时的医疗服务。

5. 智能交通

在交通领域，边缘计算可以用于实时交通监测、车辆管理、智能交通信号控制等。通过在交叉口或道路旁边缘计算节点，可以优化交通流、减缓拥堵。

（五）边缘计算的挑战与未来发展趋势

1. 挑战

安全性问题：边缘计算系统面临着更多的安全威胁，因为计算资源分布在更广泛的区域。确保边缘节点的安全性成为一个挑战。

标准化问题：边缘计算领域缺乏统一的标准，导致不同厂商的设备和系统难以互操作。标准化将是推动边缘计算发展的关键一步。

管理与维护：由于边缘计算系统的分散性，管理和维护成本较高。确保设备的及时更新、升级和故障排除对于系统的可靠运行至关重要。

能源效率：在一些边缘计算场景中，计算节点可能部署在电力资源有限或难以获取的地区，因此能源效率的提升是一个重要的挑战。

2. 未来发展趋势

人工智能与边缘计算的结合：随着人工智能技术的不断发展，边缘计算将更多地与人工智能相结合，实现更为智能的边缘设备和系统，提升数据处理和决策能力。

5G技术的推动：5G技术的商用推动了边缘计算的发展。5G的低时延和高带宽特性使得边缘计算可以更好地支持大规模设备连接和实时数据传输。

区块链技术的应用：区块链技术可以提供更为安全的数据传输和存储方式，有助于解决边缘计算中的安全性问题。未来区块链技术与边缘计算的融合将更为深入。

边缘计算的生态系统发展：随着边缘计算的发展，将形成更为完善的生态系统，包括边缘计算硬件设备、操作系统、开发工具、应用程序等方面的创新和发展。

边缘计算与云计算的协同：边缘计算与云计算形成协同，构建起分布式的计算体系，将更好地满足不同场景下的计算需求。云边协同的模式将成为未来发展的趋势。

边缘计算作为一种新的计算范式，以其低延迟、高带宽、灵活性等特点在物联网、智能城市、工业物联网等领域展现出强大的应用潜力。然而，面对安全性、标准化、管理与维护等挑战，未来的发展需要行业各方的共同努力。

随着人工智能、5G 技术、区块链技术的不断演进，边缘计算将迎来更多创新和发展机遇。其与云计算的协同将为构建更为智能、高效、安全的计算体系提供新的可能性，推动数字化时代的进一步发展。在未来，边缘计算将更深入地融入各行业，为人们的生活、工作和生产创造更大的价值。

二、边缘数据通信协议

随着物联网的不断发展和智能化技术的快速演进，边缘计算作为一种新兴的计算模型逐渐引起了广泛关注。边缘计算将计算资源从传统的云计算中心移至靠近数据源的边缘设备，从而能够更快速地响应数据请求、减少网络延迟，并提高系统的可靠性。在边缘计算环境中，边缘数据通信协议起到了连接各个边缘设备的关键作用，对于实现高效、安全、可靠的边缘数据传输至关重要。

（一）边缘计算与数据通信的融合

边缘计算涌现为一种处理数据的新范式，其关键在于将计算和数据

数据通信技术的研究与应用

存储推向网络的边缘。这使得边缘设备能够更好地处理实时数据，减少数据在传输过程中的延迟。然而，边缘计算环境面临着复杂多样的通信需求，需要面对大量异构设备之间的数据传输和交互。在这个背景下，边缘数据通信协议成为了边缘计算体系结构中至关重要的一环。

（二）边缘数据通信协议的基本要求

低延迟：由于边缘计算强调实时性，边缘数据通信协议必须能够在保障数据传输的同时，最小化数据传输的延迟。

高吞吐量：边缘设备需要处理大量的实时数据，因此通信协议需要具备足够的吞吐量，以确保数据能够快速有效地传输。

能效优化：边缘设备通常受到资源限制，因此边缘数据通信协议应当在数据传输的同时，尽可能减少对设备资源的占用，以提高系统的能效。

安全性：由于涉及大量敏感数据，边缘数据通信协议需要具备强大的安全机制，包括数据加密、身份验证等，以确保数据在传输过程中不受到未经授权的访问。

灵活性与可扩展性：边缘计算环境中的设备种类繁多，通信协议需要具备足够的灵活性和可扩展性，以适应不同类型设备之间的通信需求。

（三）常见的边缘数据通信协议

MQTT：MQTT 是一种轻量级的、基于发布/订阅模式的通信协议。它适用于边缘设备之间的实时通信，具有低带宽和低功耗的特点，因此在物联网应用中得到了广泛应用。

CoAP：CoAP 是一种专为受限环境设计的应用层协议，旨在提供轻量级的通信机制。它采用 RESTful 架构，适用于边缘设备之间的资源受限通信。

DDS：DDS 是一种高性能的数据通信协议，适用于实时数据传输场

210

景。它采用分布式数据共享模型，支持大规模系统的数据交换。

AMQP：AMQP 是一种面向消息的中间件协议，支持可靠的消息传递。它适用于复杂的分布式系统，提供了灵活的消息路由和交换机制。

5G NR：针对边缘计算需求，5G NR 作为下一代移动通信标准，提供了低时延、高带宽、大连接密度等特性，使其在边缘计算环境中具备了强大的通信能力。

（四）未来发展趋势

边缘计算与区块链融合：随着区块链技术的成熟，将其与边缘计算相结合可以增强边缘计算环境的安全性和可信度，构建更加安全、去中心化的边缘数据通信系统。

人工智能在边缘计算中的应用：随着人工智能技术的不断发展，将其引入边缘计算中可以在边缘设备上实现更加智能的数据处理和决策，从而提高系统的整体性能。

深度学习在通信协议优化中的应用：利用深度学习技术优化边缘数据通信协议，使其能够更好地适应不同环境和场景，提高通信效率和性能。

边缘计算标准化：随着边缘计算的逐渐成熟，标准化将成为推动边缘计算生态系统发展的关键。统一的边缘数据通信标准将有助于提高互操作性、降低开发和维护成本，并推动边缘计算技术的广泛应用。国际组织和行业联盟的标准制定将在未来起到至关重要的作用。

边缘计算生态系统的建设：边缘计算涉及多种硬件设备、通信协议、数据处理技术等多方面的要素，未来的发展将更加注重构建完善的边缘计算生态系统。这包括硬件供应商、软件开发者、服务提供商等各个环节的协同合作，推动边缘计算技术的全面发展。

安全与隐私的重视：随着边缘计算应用场景的扩大，对于安全和隐私的重视将日益增强。边缘数据通信协议需要进一步加强对数据传输的加密和身份验证机制，以保障用户数据的安全性和隐私。

5G 与边缘计算的深度融合：随着 5G 技术的逐步普及，其高带宽、低时延的特性使其与边缘计算形成天然的契合。未来 5G 与边缘计算将更加深度融合，共同构建起支持大规模连接和实时数据处理的智能化网络。

边缘数据通信协议作为连接边缘设备、实现边缘计算的关键一环，对于推动智能化、物联网等领域的发展至关重要。在未来，随着边缘计算技术的不断发展和应用场景的拓展，边缘数据通信协议将面临更多挑战和机遇。为了确保边缘计算系统的高效运行，不仅需要在技术上不断创新，更需要在标准制定、生态建设、安全保障等方面进行综合考虑。

总体而言，边缘数据通信协议的发展将在未来连接各类边缘设备、实现智能化应用、推动数字化社会的进程中发挥至关重要的作用。通过不断改进和创新，边缘数据通信协议将助力边缘计算迎接更广泛的挑战，引领未来智能世界的发展。

三、边缘计算应用案例

随着物联网的蓬勃发展和数字化转型的推进，边缘计算作为一种新兴的计算范式，在各个领域展现出了强大的应用潜力。边缘计算将计算资源推向网络的边缘，使得数据能够在距离数据源更近的地方进行实时处理，从而实现低延迟、高效率的计算。本书将探讨一些典型的边缘计算应用案例，涵盖了智能城市、工业互联网、医疗健康、智能交通等多个领域。

（一）智能城市

1. 智能交通系统

边缘计算在智能交通系统中发挥着关键作用。通过在路边的边缘设备上进行实时数据分析，交通信号灯可以根据实际交通情况进行智能调整，优化交通流。边缘计算还支持车辆与基础设施的即时通信，提高道路安全性。例如，边缘计算可用于实现交通监控、智能停车管理和交通预测等功能，以提升城市交通系统的效率。

2. 智能能源管理

在智能城市中，边缘计算可用于实现智能能源管理。通过在能源设备上部署边缘计算节点，能够实现对能源消耗的实时监测和优化。智能电网利用边缘计算进行分布式能源管理，调整能源分配，提高能源利用率。这有助于减少能源浪费，提高城市的能源可持续性。

3. 智能建筑和环境监测

边缘计算在智能建筑和环境监测方面也有广泛应用。通过在建筑中部署传感器和边缘计算设备，可以实现对建筑内部温度、湿度、光照等环境参数的实时监测和调控。这有助于提高建筑能效，减少能源消耗。同时，边缘计算还可以用于灾害预警和城市空气质量监测，保障市民的生命安全。

（二）工业互联网

1. 智能制造

在工业互联网中，边缘计算在智能制造方面发挥着关键作用。通过在生产线上部署边缘设备，可以实现对生产过程的实时监测和控制。边缘计算可用于分析生产数据，提高生产效率，预测设备故障，减少停机时间。智能制造通过边缘计算实现了更加灵活和高效的生产方式，同时降低了生产成本。

2. 物联网设备管理

工业互联网中大量的物联网设备需要进行有效的管理和维护。边缘计算通过在设备上进行数据处理，降低了对中心服务器的依赖，提高了设备的自主性和实时性。边缘计算可用于实现对设备状态的监测、升级、故障诊断等管理功能，从而保障工业系统的稳定运行。

3. 资源优化与预测维护

通过在工业生产环境中部署边缘计算设备，可以实现对资源的智能优化。边缘计算通过实时监测生产线上的数据，优化生产调度，减少能源和原材料的浪费。同时，边缘计算还可以通过对设备数据的分析，实现对设备状态的预测性维护，提高设备的可靠性和使用寿命。

（三）医疗健康

1. 远程医疗和移动健康监测

边缘计算在医疗健康领域的应用为远程医疗和移动健康监测提供了技术支持。通过在患者身上植入或佩戴边缘设备，可以实时监测患者的生理参数，并将数据传输至医疗中心进行分析。这种方式可以为患者提供更加便捷的医疗服务，同时提高医疗资源的利用效率。

2. 医疗影像分析

在医疗影像领域，边缘计算能够提供快速而精准的影像分析服务。通过在医疗设备上部署边缘计算节点，可以实现对医学影像的实时处理和分析。这有助于提高影像诊断的准确性，加速医学影像的报告生成，缩短患者等待时间。

3. 医疗信息安全与隐私保护

在医疗健康数据处理中，信息安全和隐私保护尤为重要。边缘计算通过在边缘设备上进行数据处理，可以减少对敏感医疗数据在传输过程中的暴露风险。边缘计算提供了本地处理的机会，医疗数据可以在设备上进行匿名化处理，减少了中心服务器上的数据存储和传输的隐私风险。这有助于建立更为安全可信的医疗信息系统。

（四）农业领域

1. 智能农业和精准农业

在农业领域，边缘计算为智能农业和精准农业提供了技术支持。通过在农田中部署传感器和边缘计算设备，可以实时监测土壤湿度、气温、光照等农业环境参数。这些数据可以用于智能灌溉、农药喷洒、作物生长预测等应用，从而提高农业生产的效益和可持续性。

2. 牲畜健康监测

边缘计算在畜牧业中也发挥了重要作用。通过在牲畜身上植入或佩戴边缘设备，可以实时监测牲畜的健康状况，包括体温、心率、运动情况等。这有助于及时发现牲畜的健康问题，提高畜牧业的生产效率和养殖质量。

3. 农业机械设备监测与维护

农业机械设备的监测与维护对于提高农业生产效率至关重要。通过在农业机械设备上部署边缘计算设备，可以实现对设备状态的实时监测。通过分析设备数据，可以预测设备可能出现的故障，并进行及时的维护，避免因机械故障导致的生产中断。

（五）零售与物流

1. 智能零售

在零售行业，边缘计算提供了实时数据分析和决策支持的能力。通过在商店中部署边缘设备，可以实时监测顾客购物行为、商品库存情况等信息。这有助于进行智能化的商品陈列和库存管理，提高零售业的运营效率。

2. 智能物流

边缘计算在物流领域的应用主要体现在智能物流方面。通过在物流中心和运输工具上部署边缘计算设备，可以实时监测货物的运输状态、温湿度等环境参数。这有助于提高物流运输的可视性，降低货物丢失和损坏的风险。

3. 供应链管理

边缘计算还在供应链管理中发挥重要作用。通过在供应链节点上部署边缘计算设备，可以实现对供应链的实时监测和响应。这有助于提高供应链的灵活性，降低库存成本，缩短交付周期。

边缘计算的应用案例涵盖了各个领域，从智能城市到工业互联网、医疗健康、农业和零售物流等。这些案例展示了边缘计算在实时数据处理、智能决策、资源优化和安全性等方面的卓越性能。随着技术的不断进步和应用场景的拓展，边缘计算将继续为各个领域带来创新和变革，连接未来的智能世界。

第四节　云计算与大数据融合

一、大数据处理在云平台上的应用

随着信息时代的不断发展，数据量呈现爆炸性增长的趋势。传统的数据处理方式已经无法满足对海量数据的高效处理和分析需求。在这一背景下，大数据技术应运而生，成为解决海量数据处理问题的关键工具之一。而云计算作为一种灵活、高效、可扩展的计算模型，为大数据处理提供了强大的支持。本书将探讨大数据处理在云平台上的应用，包括其优势、挑战和未来发展趋势。

（一）云平台对大数据处理的优势

1. 弹性扩展

云平台的弹性扩展是指用户可以根据实际需求随时调整计算和存储资源，无须提前预留大量资源。这使得大数据处理可以根据工作负载的变化进行动态调整，提高资源利用率，降低成本。例如，在某一时刻数据处理需求激增时，云平台可以自动扩展计算资源以满足需求，而在需求下降时则可以自动释放多余的资源。

2. 成本效益

云平台采用按需付费的模式，用户只需支付实际使用的资源，无须投入大量资金购买硬件设备。这对于小型企业和创业公司来说尤为重要，它们可以利用云平台提供的大数据处理服务，不必担心高昂的初始投资。同时，云平台还提供多种计费模式，如按小时计费、预留实例等，用户可以根据自己的需求选择最经济的计费方式。

3. 灵活性与便利性

云平台提供了丰富的大数据处理服务，用户可以根据自己的需求选择合适的服务，无须操心底层基础设施的管理和维护。这使得用户可以更专注于业务逻辑和数据分析，而不必花费大量精力在基础设施的运维上。此外，云平台还提供了可视化的管理工具，使用户可以通过简单的界面完成复杂的操作，提高了操作的便利性。

（二）大数据处理在云平台上的具体应用

1. 数据存储与管理

云平台提供了各种存储服务，包括对象存储、块存储、文件存储等。用户可以根据自己的需求选择适当的存储服务，并根据数据的特性进行存储管理。例如，对于冷数据可以选择低成本的对象存储，而对于需要频繁访问的热数据则可以选择高性能的块存储。

2. 数据处理与计算

在云平台上,用户可以使用各种大数据处理框架和工具,如 Apache Hadoop、Apache Spark 等,进行数据的分布式计算和处理。这些工具在云平台上得到了很好的集成和优化,用户无须关心底层的硬件和网络环境,只需通过简单的接口即可进行复杂的数据处理操作。

3. 数据分析与挖掘

云平台提供了丰富的数据分析和挖掘服务,用户可以通过这些服务进行数据的可视化、统计分析、机器学习等操作。例如,用户可以利用云平台上的机器学习服务构建预测模型,进行数据挖掘和智能分析,从而更好地理解数据背后的规律和趋势。

4. 流式处理与实时分析

随着物联网和实时业务的发展,对于实时数据处理的需求日益增加。云平台提供了流式处理服务,用户可以实时处理和分析数据流,及时获取有关业务状况的信息。这对于金融、电商等需要快速决策的行业尤为重要。

(三)大数据处理在云平台上的挑战

1. 数据安全与隐私

大数据处理涉及海量敏感信息的存储和处理,数据的安全性和隐私保护成为云平台上的重要问题。云服务提供商需要采取严格的安全措施,包括数据加密、访问控制等,以保障用户数据的安全。

2. 数据传输与带宽

大数据处理通常涉及大规模数据的传输,而云平台上的数据传输需要消耗大量的带宽资源。特别是在跨地域或跨云服务提供商进行数据传输时，可能会面临带宽不足和传输延迟的问题。

3. 服务可用性与稳定性

云平台作为提供大数据处理服务的基础设施，其可用性和稳定性对于用户至关重要。由于云平台通常采用分布式架构，可能会面临网络故障、硬件故障等问题，影响到用户业务的正常运行。

（四）大数据处理在云平台上的未来发展趋势

1. 边缘计算与大数据处理的融合

随着物联网的迅速发展，越来越多的设备生成大量数据，需要在边缘进行实时处理和分析。未来，大数据处理和边缘计算将更加紧密地结合，使得数据可以在产生的地方进行初步处理，减少对中心云平台的依赖，提高实时性和效率。

2. 强化数据安全和隐私保护

随着数据泄露和隐私问题的不断突显，未来云平台将加强对数据安全和隐私的保护。新的加密技术、访问控制机制和安全审计工具将得到广泛应用，以确保用户的数据得到充分的保护。

3. 融合多模态数据处理

未来的大数据处理将不仅仅局限于结构化数据，还将包括来自各种来源的多模态数据，如图像、音频、视频等。云平台将提供更丰富的工具和服务，以支持多模态数据的处理、分析和应用，为用户提供更全面的信息。

4. 深度学习与大数据处理的集成

深度学习作为人工智能的重要分支，对于大数据处理具有巨大潜力。未来云平台将更加深度地集成深度学习框架，为用户提供强大的机器学习和深度学习工具，促进更复杂、更智能的数据分析和决策。

5. 自动化运维与智能优化

未来云平台将借助自动化运维和智能优化技术，提高大数据处理的效率和稳定性。自动化工具将负责资源的动态调配、故障的自愈，以及任务的调度和优化，使得大数据处理更加智能、高效。

大数据处理在云平台上的应用为企业提供了强大的数据处理和分析能力，极大地促进了业务的发展和决策的制定。云平台的弹性扩展、成本效益、灵活性和便利性为用户提供了便捷的大数据处理服务。然而，也面临着数据安全与隐私、数据传输与带宽、服务可用性与稳定性等挑战。

未来，随着边缘计算、多模态数据处理、深度学习等技术的不断发展，大数据处理在云平台上的应用将更加智能、多样化。同时，云平台将不断加强对数据安全和隐私的保护，提供更全面、可靠的服务。通过自动化运维和智能优化，大数据处理将更加高效、稳定，为用户提供更好的数据处理体验。

二、云计算与大数据分析

随着信息技术的快速发展，云计算和大数据分析成为推动科技创新和业务发展的关键驱动力。云计算作为一种计算资源的交付模型，以其灵活性、可伸缩性和经济性，为大数据分析提供了理想的基础设施。本书将探讨云计算与大数据分析的关系、优势、应用，以及未来的发展趋势。

（一）云计算与大数据分析的关系

1. 定义

云计算是一种通过网络提供计算服务的模式，用户无须拥有和维护物理硬件，而是通过互联网访问计算资源，按需付费。大数据分析则是利用各种技术和工具对庞大的、复杂的数据集进行分析和挖掘，从中提取有价值的信息和知识。

2. 云计算为大数据分析提供的支持

云计算为大数据分析提供了关键的支持，主要体现在以下几个方面。

（1）弹性扩展

云计算允许用户根据需要动态调整计算和存储资源，实现弹性扩展。这对大数据分析来说尤为重要，因为数据量可能会随时间变化而波动。弹性扩展使得大数据处理可以更加高效地应对数据量的变化，提高了系统的灵活性和响应速度。

（2）成本效益

云计算采用按需付费的模式，用户只需支付实际使用的资源，无须投入大量资金购买硬件设备。这为企业在进行大数据分析时降低了初始投资成本，提高了经济效益。同时，用户可以根据业务需求灵活选择服务和资源，更好地控制成本。

（3）全球性的数据存储和计算能力

云计算提供了全球性的数据中心网络，使得用户可以在全球范围内部署和管理大数据分析任务。这对于跨地域和全球化企业来说是一个重要的优势，可以更好地支持分布式的大数据分析应用。

（4）服务模型的多样性

云计算提供了多种服务模型，包括基础设施即服务、平台即服务、软件即服务等。用户可以根据需求选择合适的服务模型，从而更专注于业务逻辑，而无须过多关注底层的硬件和软件架构。

3. 大数据分析对云计算的需求

大数据分析通常需要处理海量的非结构化和结构化数据，因此对计算和存储资源的需求非常庞大。以下是大数据分析对云计算的主要需求。

（1）高性能计算

大数据分析通常需要进行复杂的计算操作，例如机器学习模型训练、图像处理等。云计算平台提供高性能计算资源，能够满足大数据分析中的高计算需求。

（2）大规模存储

大数据分析需要存储海量的数据，而云计算提供了高度可扩展的存储解决方案，能够满足大数据处理中的大规模存储需求。

（3）数据安全和隐私

大数据分析涉及大量敏感信息，因此对于数据的安全和隐私保护有着严格的要求。云计算平台需要提供强大的安全机制，确保用户的数据得到充分的保护。

（4）分布式计算和并行处理

由于大数据分析任务通常涉及大规模数据集的处理，因此需要分布式计算和并行处理的支持。云计算平台提供了分布式计算框架和工具，如 Apache Hadoop、Apache Spark 等，使得大数据分析任务能够高效地并行执行。

（二）云计算与大数据分析的应用

1. 企业业务智能

云计算与大数据分析在企业业务智能中发挥了关键作用。通过分析大量的业务数据，企业可以更好地理解市场趋势、客户需求，做出更明智的决策。云计算为企业提供了高性能的计算和存储资源，使得大规模的业务数据可以得到有效处理和分析。

2. 健康医疗

在健康医疗领域，云计算与大数据分析的结合有助于实现精准医疗。通过分析患者的基因信息、生理指标等大数据，医疗机构可以提供个性化的诊疗方案。云计算提供了强大的计算和存储资源，支持对大规模基因组数据的分析和挖掘。

3. 金融风控

金融领域需要对大量的交易数据进行实时分析，以识别潜在的风险。云计算与大数据分析的结合为金融机构提供了高性能的计算和存储能力，使得复杂的风险模型能够在短时间内进行大规模的计算和分析。这有助于提高金融机构对市场波动和风险的预测和应对能力。

4. 零售业的个性化推荐

在零售行业，云计算和大数据分析的应用主要体现在个性化推荐系统上。通过分析消费者的购物历史、偏好和行为数据，零售商可以向用户提供个性化的商品推荐，提高销售转化率。云计算的弹性扩展和高性能计算能力保证了推荐系统能够应对庞大的用户数据并实时提供推荐服务。

5. 城市智能交通

在城市管理领域，云计算与大数据分析的结合有助于实现智能交通系统。通过分析大量的交通流量数据、公交车辆数据等信息，城市管理者可以优化交通信号、规划道路建设，并提高城市交通的效率。云计算提供了强大的计算和存储资源，使得城市智能交通系统能够处理和分析大规模的实时数据。

（三）云计算与大数据分析的挑战

1. 数据隐私与安全性

大数据分析涉及大量敏感信息，数据隐私和安全性一直是云计算与大数据分析面临的重要挑战。用户需要确保他们的数据在存储、传输和处理过程中得到充分的保护，以防止未经授权的访问和数据泄露。

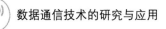

2. 数据传输和存储成本

随着数据量的增加，数据的传输和存储成本也相应增加。特别是在跨云平台或跨地域进行数据传输时，可能会面临较高的费用。管理这些成本，使其在经济可接受的范围内，是云计算和大数据分析中的一项挑战。

3. 技术复杂性和人才需求

云计算和大数据分析涉及众多的技术领域，包括分布式计算、机器学习、大数据存储等。企业需要具备相应的技术实力，同时拥有相关的专业人才。技术的快速发展也要求企业不断更新和培养员工的技能，以适应新技术和工具的使用。

4. 云服务提供商的选择

在选择云服务提供商时，企业需要考虑不同提供商之间的差异，包括性能、可用性、安全性等方面。同时，不同的云服务提供商可能会采用不同的收费模式，企业需要仔细评估成本和性能的平衡。

（四）未来发展趋势

1. 融合边缘计算

未来，边缘计算将更多地融入到云计算与大数据分析中。边缘计算使得数据可以在产生的地方进行初步处理，减少对中心云平台的依赖，提高实时性和效率。这对于需要低延迟和高可靠性的应用，如物联网设备和智能城市系统，具有重要意义。

2. 智能化和自动化

未来云计算和大数据分析将更加智能化和自动化。机器学习和人工智能技术将应用于自动化运维、智能优化等方面，提高系统的自我管理和效率。智能化的工具将使得非专业人员也能够更轻松地使用云计算和大数据分析服务。

3. 强化安全性和隐私保护

随着数据隐私和安全性日益受到关注，未来云计算与大数据分析将继续强化安全性和隐私保护。新的安全技术和加密算法将得到广泛应用，以确保用户数据的机密性和完整性。

4. 融合多模态数据处理

未来的大数据分析将不仅仅局限于结构化数据，还将包括来自各种来源的多模态数据，如图像、音频、视频等。云计算平台将提供更丰富的工具和服务，以支持多模态数据的处理、分析和应用，为用户提供更全面的信息。

5. 持续创新与跨界融合

云计算与大数据分析领域的持续创新将推动这两者的跨界融合。未来可能会出现更多的行业解决方案，通过将云计算和大数据分析与物联网、区块链等新兴技术结合，为各行业提供更加智能和创新的解决方案。

云计算与大数据分析的结合为企业和各行业带来了巨大的机遇和挑战。云计算提供了灵活、可伸缩、经济高效的计算和存储资源，为大数据分析提供了强大的基础设施支持。大数据分析则通过对海量数据的处理和挖掘，为企业决策提供了更加深入的洞察和智能化的解决方案。

然而，云计算与大数据分析的应用也面临着一系列的挑战，包括数据隐私和安全性、成本控制、技术复杂性等。随着技术的不断演进和创新，未来云计算与大数据分析将进一步融合，智能化和自动化水平将提升，安全性和隐私保护将得到强化，为各行业带来更多可能性。

在未来的发展中，企业和组织需要全面考虑自身业务需求，合理选择云计算服务模型、大数据分析工具和技术架构。同时，注重团队技能的培养和发展，以适应技术的快速演进和复杂性增加。跨界合作也将成为一个趋势，通过多领域融合，为创新提供更广泛的视野。

总体而言，云计算与大数据分析已经成为当今企业和组织创新、决策和竞争的关键驱动力。随着科技的不断进步，这两者的融合将继续推动着数字化时代的发展，为社会带来更多的智能化和可持续发展的可能性。

三、云计算在大数据安全与隐私保护

随着信息时代的发展，大数据的规模和价值不断增长，而云计算作为一种强大的计算资源交付模式，已经成为大数据处理的核心基础设施。然而，大数据的蓬勃发展也伴随着对安全与隐私的关切。本书将探讨云计算在大数据安全与隐私保护中的关键角色，包括其挑战、解决方案和未来发展趋势。

（一）云计算与大数据的融合

1. 云计算的定义

云计算是一种基于网络的计算模式，通过互联网将计算资源、存储资源和服务提供给用户。它允许用户按需获取和释放资源，避免了对物理硬件的直接依赖，实现了计算资源的弹性扩展和灵活使用。

2. 大数据的定义

大数据通常具有"4V"特征，即体量大、多样化、高速度、真实性。大数据分析通过处理这些庞大、复杂和高速的数据集，挖掘出有价值的信息和知识，用于业务决策、科学研究等领域。

3. 云计算与大数据的融合

云计算和大数据的融合形成了强大的数据处理平台。云计算提供了灵活、可伸缩的计算和存储资源，为大数据分析提供了理想的基础设施。

大数据分析则借助云计算的计算能力，处理海量数据，从而获取更准确、更全面的分析结果。

（二）大数据安全的挑战

1. 数据泄露和隐私问题

由于大数据通常涉及大量敏感信息，数据泄露和隐私问题成为最主要的挑战之一。一旦大数据存储在云端，用户就需要确保这些数据受到充分的保护，防止未经授权的访问和不当使用。

2. 数据完整性

大数据集中的数据可能来自多个来源，因此确保数据的完整性变得尤为关键。任何对数据的篡改或损坏都可能导致分析结果的失真，从而影响业务决策的准确性。

3. 跨国法规和合规性

随着数据跨境传输的增加，不同国家和地区的法规和合规性要求成为一个复杂的问题。企业需要同时满足不同地区的法规，保障数据在合规性方面的稳健性。

4. 大规模的身份和访问管理

在大数据环境中，管理用户身份和访问权限变得复杂。大量的用户和设备需要被有效地管理和监控，以防范未经授权的访问和活动。

（三）云计算在大数据安全中的关键作用

1. 数据加密与隐私保护

云计算提供了强大的加密机制，可以对数据进行加密存储和传输。通过在云端对数据进行端到端的加密，用户可以更好地保护数据的隐私，即使数据在传输和存储过程中被窃取，也难以被解密。

2. 虚拟化和隔离

云计算环境中的虚拟化技术可以将不同的用户和应用程序隔离开来，防止它们之间的相互影响。这有助于防止横向扩展攻击，同时提供了更高层次的安全性。

3. 认证与授权

云计算平台通常提供完善的身份认证和访问控制机制。通过多层次的认证和精确的访问授权，云计算可以有效管理用户的身份，确保只有授权用户才能够访问和处理大数据。

4. 安全审计和监控

云计算平台提供了丰富的安全审计和监控工具，用于跟踪用户活动、检测异常行为，并及时响应潜在的威胁。这些工具有助于保障大数据处理过程的安全性。

（四）大数据隐私保护的技术手段

1. 匿名化和脱敏

匿名化和脱敏是常见的大数据隐私保护手段。通过去除或替换个体身份信息，可以在保持数据集整体特征的同时，降低敏感信息的泄露风险。

2. 差分隐私

差分隐私是一种通过向数据中引入噪声来保护隐私的方法。它通过在结果中添加一定的噪声，使得单个个体的贡献难以被准确还原，从而防止敏感信息的泄露。

3. 加密计算

使用加密计算技术，可以在保持数据加密的同时，还需要关注一些新兴技术和方法，以适应日益复杂的威胁环境。

（五）未来发展趋势

1. 隐私计算

隐私计算是一种新兴的计算模型，旨在在不暴露原始数据的情况下进行计算。隐私计算技术有望在大数据处理中得到广泛应用，以保护用户的隐私信息。

2. 多方安全计算

多方安全计算是一种允许多方共同计算并得到计算结果而不暴露原始数据的计算模型。在大数据处理中，多方安全计算有望为数据合作和共享提供更安全的框架。

3. 法规合规的强调

随着全球对数据隐私和安全的关注不断提高，法规合规将成为企业不可忽视的因素。未来，云计算和大数据处理领域将更加强调遵守各种法规和合规性要求，以确保数据的合法和合规使用。

4. 安全人工智能

安全人工智能是指将人工智能技术应用于网络和信息安全领域。未来，安全人工智能将在大数据安全中发挥更为重要的角色，通过智能化的方式识别和应对各种安全威胁。

云计算在大数据安全与隐私保护中扮演着关键的角色。通过提供强大的安全机制、身份认证、访问控制等工具，云计算为大数据处理提供了安全的基础设施。同时，各种新兴技术和方法，如零信任安全模型、人工智能、区块链等，也为大数据的安全性带来了新的可能性。

然而，大数据安全与隐私保护仍然是一个不断演进的领域。随着技术的发展和威胁的变化，我们需要不断创新和更新安全手段，以确保大数据得到充分的保护。在未来，隐私计算、多方安全计算、法规合规的强调，以及安全人工智能等趋势将引领大数据安全与隐私保护领域迎来更多的挑战和机遇。

第五节　云计算的社会与经济影响

一、云计算与产业升级

随着数字化时代的不断发展，云计算作为一项重要的信息技术，对产业结构和运营方式产生了深远的影响。云计算不仅为企业提供了灵活、可伸缩的计算和存储资源，还为创新和效率提供了新的可能性。本书将探讨云计算如何推动产业升级，对各行各业的影响，以及未来的发展趋势。

（一）云计算的基本概念

1. 云计算的定义

云计算是一种基于网络的计算模式，通过互联网将计算资源、存储资源和服务提供给用户。它强调的是按需获取和使用计算资源，而不需要用户关心底层的硬件和软件基础设施。

2. 云计算的服务模型

云计算提供了多种服务模型。

基础设施即服务（IaaS）：提供基础的计算、存储和网络资源，用户可以在云基础设施上运行和管理应用程序。

平台即服务（PaaS）：在基础设施的基础上，提供更高层次的服务，包括运行时环境、开发工具和数据库等。

软件即服务（SaaS）：提供完整的应用程序，用户无须关心底层的硬件和软件,只需通过浏览器或应用程序接口使用。

（二）云计算与产业升级的关系

1. 降低成本

云计算可以有效降低企业的 IT 成本。传统的 IT 架构需要企业投资大量资金购买和维护硬件设备,而云计算采用了按需付费的模式,企业只需支付实际使用的资源,降低了初始投资和运维成本。

2. 提高灵活性和敏捷性

云计算提供了高度灵活和可伸缩的计算资源。企业可以根据业务需求动态调整资源,实现快速的应变能力。这使得企业更加敏捷,能够更迅速地响应市场变化。

3. 促进创新

云计算为企业提供了强大的计算和存储能力,使得创新变得更为容易。企业可以通过云上的各种工具和服务,快速开发和部署新的应用、服务和解决方案,推动产业创新。

4. 改变业务模式

云计算的出现改变了传统的业务模式。通过云服务,企业可以将注意力更多地集中在核心业务上,而不需要过多关注基础设施的管理。这种转变使得企业更专注于提供价值,从而推动了产业结构的调整和升级。

（三）云计算在各行业的应用

1. 制造业

在制造业中,云计算可以通过连接设备和传感器,实现对生产数据的实时监测和分析。这有助于提高生产效率、降低成本,并推动制造业向数字化和智能化方向发展。

2. 金融业

金融行业借助云计算可以更好地处理大量的交易数据和实现高性能的计算。同时，云计算还支持金融科技的创新，例如移动支付、区块链等技术的应用。

3. 医疗健康

在医疗健康领域，云计算可以用于存储和分析医疗数据，实现精准医疗。同时，云计算还支持远程医疗服务和医疗信息化建设，提升医疗服务的质量和效率。

4. 零售业

在零售业，云计算可以帮助零售商更好地理解客户需求，优化供应链管理，并实现个性化推荐服务。云计算的应用使得零售业更加智能化和客户导向。

5. 教育领域

在教育领域，云计算提供了强大的教学和学习工具。学校和教育机构可以通过云服务提供在线课程、远程教育和学生管理系统，提升教育的普及性和质量。

（四）云计算的挑战与应对策略

1. 安全性和隐私

安全性和隐私一直是云计算面临的主要挑战。云计算服务提供商需要采取各种措施，包括数据加密、访问控制、安全审计等，以确保用户的数据得到充分的保护。

2. 法规和合规性

由于不同地区对数据隐私和安全的法规要求不同，企业在使用云计算时需要确保符合相关法规和合规性要求。云服务提供商需要与客户共同合作，确保其服务满足特定行业的法规标准，例如金融行业的 PCI DSS 标准、医疗行业的 HIPAA 标准等。

3. 数据迁移和互操作性

在采用云计算时，数据的迁移和互操作性是一个重要的考虑因素。企业需要确保从本地环境到云端的数据迁移顺利进行，并能够与不同云服务提供商的服务进行互操作。标准化的数据格式和协议有助于缓解这一挑战。

4. 性能和可靠性

对于某些对性能和可靠性有极高要求的应用，例如金融交易系统、在线游戏等，云计算服务的性能和可靠性仍然是一个挑战。云服务提供商需要不断提升硬件设备性能，同时改进其基础设施和服务的可靠性。

（五）未来发展趋势

1. 边缘计算的融入

随着边缘计算的兴起，未来云计算将更加融入边缘计算中。边缘计算使得数据可以在产生的地方进行初步处理，减少对中心云平台的依赖，提高实时性和效率。

2. 强化人工智能的整合

人工智能在云计算中的应用将进一步增强。云计算平台将提供更多的机器学习和深度学习工具，使得开发人员能够更轻松地构建和部署人工智能应用，推动产业智能化升级。

3. 量子计算的崛起

量子计算作为一项颠覆性的技术，将在未来对云计算产生深远的影响。量子计算的高速计算能力和对特定问题的优化能力将使得云计算在

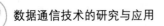

处理某些复杂问题时表现更为出色。

4. 碳中和和可持续发展

随着社会对可持续发展的关注不断增加，云计算产业也在朝着碳中和的方向努力发展。未来的云计算将更加注重能源效率，采用更环保的技术，推动数字化和可持续发展的共同进步。

云计算作为数字化时代的核心技术之一，对产业升级产生了深远的影响。通过降低成本、提高灵活性、促进创新和改变业务模式，云计算推动了各个行业的发展。然而，面对安全性、法规合规性、数据迁移等挑战，云计算服务提供商和企业需要不断创新和改进，以适应日益复杂的商业环境。

未来，云计算将继续融入边缘计算、人工智能、量子计算等新兴技术中，推动产业进一步智能化和数字化。在此过程中，对可持续发展的关注也将成为云计算产业的一个重要趋势。通过不断创新，云计算将为各个行业提供更强大的工具和平台，助力产业升级迈入更高水平。

二、云计算对就业的影响

（一）概述

云计算作为一项颠覆性的信息技术，不仅改变了企业的业务模式和运营方式，同时对就业市场也带来了深刻的影响。本书将探讨云计算对就业的影响，包括就业市场的变化、新兴职业的涌现，以及个人技能需求的转变等方面。

（二）云计算的崛起与发展

1. 云计算的定义

云计算是一种基于网络的计算模式，通过互联网提供计算资源、存储资源和服务。它将硬件和软件资源通过网络提供给用户，用户可以根据需求弹性地使用这些资源，而无须关心底层的技术细节。

2. 云计算的服务模型

云计算提供的服务主要如下。

基础设施即服务（IaaS）：提供计算、存储和网络等基础设施，用户可以在这些基础设施上运行和管理应用程序。

平台即服务（PaaS）：在基础设施的基础上，提供更高层次的服务，包括运行时环境、开发工具和数据库等。

软件即服务（SaaS）：提供完整的应用程序，用户只需通过浏览器或应用程序接口使用，而无须关心底层的硬件和软件。

（三）就业市场的变化

1. 云计算行业的崛起

随着云计算技术的不断成熟和企业对数字化转型的需求增加，云计算行业迅速崛起。云服务提供商、云解决方案提供商、云安全服务等相关企业应运而生，形成了一个庞大的产业链。

2. 传统 IT 岗位的演变

云计算的兴起改变了传统 IT 岗位的需求。传统的硬件管理、服务器维护等工作逐渐被云服务提供商接管，而对云架构、云安全、云优化等方面的专业人才需求大幅增加。

3. 新兴职业的涌现

云计算的发展催生了一系列新兴职业。云架构师、云安全工程师、云数据分析师、云解决方案架构师等职位成为市场热门，这些职业对于云计算技术有深刻的理解和实践经验要求。

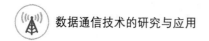

（四）就业市场的机遇与挑战

1. 机遇：新兴职业需求大增

随着云计算的普及，云计算相关职位的需求大增，为从业者提供了更多的机会。具备云计算技能和经验的人才将更容易在就业市场中找到理想的岗位。

2. 挑战：技术更新速度快

云计算技术的不断更新换代，对从业者提出了更高的要求。需要不断学习新的技术、工具和最佳实践，以跟上行业的发展步伐，这对于有些从业者可能构成一定的挑战。

3. 机遇：远程工作的普及

云计算的兴起也推动了远程工作模式的普及。云计算领域的工作大多依赖于网络和云服务，使得远程协作成为可能，为人才提供更广泛的就业机会。

4. 挑战：安全和隐私问题

随着云计算的广泛应用，对安全和隐私的担忧也在增加。在云计算领域工作的从业者需要具备对安全和隐私保护的深刻理解，以确保云计算系统的可靠性和安全性。

（五）个人技能需求的转变

1. 技术技能的需求

随着云计算的普及，从业者需要具备一系列与云计算相关的技术技能，包括但不限于如下内容。

云平台使用：熟练掌握主流云服务平台，如 AWS、Azure、Google Cloud 等。

云架构设计：能够设计和实施基于云的系统架构，考虑可扩展性、灵活性和安全性。

容器化技术：了解和使用容器化技术，如 Docker 和 Kubernetes，实现应用程序的快速部署和管理。

云安全：具备云安全的知识，包括身份认证、访问控制、数据加密等方面的技能。

2. 管理与沟通技能的需求

除了技术技能，从业者还需要具备一定的管理和沟通能力。云计算项目通常需要团队协作，而从业者需要能够有效地与团队成员、客户，以及其他利益相关者进行沟通。因此，以下是一些管理和沟通技能的需求。

项目管理：了解项目管理的基本原理，能够有效地规划和执行云计算项目，确保项目按时交付并在预算内完成。

沟通能力：能够清晰、明确地传达技术信息，与非技术人员进行有效的沟通，包括客户、管理层和团队成员。

问题解决：具备解决问题的能力，能够快速识别和解决在云计算环境中出现的技术和管理方面的问题。

团队合作：有效的团队合作是云计算项目成功的关键。能够协作并共同努力解决技术和业务挑战。

（六）未来趋势与发展方向

1. 深度学习与人工智能

随着云计算在人工智能领域的广泛应用，未来的趋势之一是深度学习和人工智能技术的融合。从业者需要不断学习和适应这些新兴技术，以满足市场对人工智能应用的需求。

2. 多云环境的管理

随着企业越来越倾向于采用多云策略，即同时使用多个云服务提供

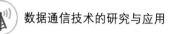

商，多云环境的管理成为一个新的挑战。掌握多云环境下的管理技能将成为从业者的竞争优势。

3. 边缘计算的发展

边缘计算作为云计算的延伸，将在未来持续发展。从业者需要了解边缘计算的原理和应用场景，以适应新的技术潮流。

4. 可持续发展的关注

随着对可持续发展的日益关注，云计算行业也将面临更高的环保要求。从业者需要关注节能减排、绿色计算等可持续发展的相关技术和实践。

云计算的兴起改变了传统的 IT 行业格局，对就业市场产生了深远的影响。新兴职业的涌现、技术技能的需求转变，以及管理与沟通能力的重要性，都使得云计算领域成为一个充满机遇和挑战的领域。

从业者需要不断学习和适应新的技术，具备全面的技术和管理能力。同时，随着新技术的不断涌现，云计算领域的发展也将朝着更加智能、可持续的方向发展。在这个不断变化的环境中，持续学习和不断提升自身能力将是从业者取得成功的关键。

三、云计算在可持续发展中的作用

（一）概述

可持续发展已经成为全球范围内企业和组织日益关注的重要议题。随着信息技术的迅猛发展，云计算作为一种高效、灵活的计算模式，不仅在经济层面上带来了便利，同时也为可持续发展提供了新的机遇。本书将探讨云计算在可持续发展中的作用，涵盖能源效率、碳减排、绿色计算，以及社会责任等方面。

（二）能源效率与云计算

1. 能源效率的重要性

能源效率是可持续发展的核心要素之一。传统的数据中心通常需要大量的能源来维持服务器的运行和散热，导致能源浪费和环境影响。在这一背景下，云计算通过提供虚拟化、资源共享和自动化管理等特性，极大地提高了能源利用效率。

2. 云计算的虚拟化技术

云计算采用虚拟化技术，将多个虚拟服务器运行在一台物理服务器上，从而最大限度地提高了硬件的利用率。相比于传统的物理服务器模式，虚拟化技术降低了对硬件资源的需求，减少了能源的消耗。

3. 弹性计算与能源节约

云计算提供弹性计算的特性，用户可以根据业务需求动态调整计算资源，实现按需分配。这使得在业务低谷时，可以减少计算资源的使用，从而降低能源的消耗；在业务高峰时，可以快速扩展计算资源，提高业务的处理能力。

4. 节能和绿色数据中心

云服务提供商逐渐关注绿色数据中心的建设，通过采用更先进的散热技术、使用可再生能源，以及优化能源管理等手段，降低数据中心的整体能源消耗，推动可持续能源的应用和发展。

（三）碳减排与云计算

1. 数字化转型与碳足迹

数字化转型在提高工作效率的同时，也带来了日益增长的碳足迹。

传统的 IT 基础设施通常需要大量的能源来维持运行，而云计算通过集中管理和共享资源的方式，有助于减少碳排放。

2. 云计算的共享模式

云计算的共享模式有助于降低整体的碳排放。多个租户共享同一组硬件资源，避免了许多企业独立维护自己的数据中心，减少了冗余的硬件和能源消耗。

3. 云计算的可持续能源使用

云服务提供商在可持续发展方面的努力也包括推动可持续能源的使用。越来越多的云计算数据中心采用风能、太阳能等可再生能源，降低了对传统能源的依赖，减缓了对环境的不利影响。

4. 数据中心效能与碳效能

云计算通过提高数据中心的效能和碳效能，即单位计算能力的碳排放量，降低了数字化转型对环境的负担。优化的数据中心设计和管理使得单位能源能够支持更多的计算工作，实现了碳减排的目标。

（四）绿色计算与云计算

1. 绿色计算的概念

绿色计算是一种关注环境可持续性的计算模式，旨在通过降低计算机系统的能耗、提高能源利用率和采用环保材料等手段，减轻计算对环境的影响。云计算作为绿色计算的推动者，发挥了积极作用。

2. 虚拟化技术的贡献

云计算采用虚拟化技术，使得多个虚拟服务器可以共享同一组物理硬件。这样的共享模式降低了对硬件的需求，减少了电力和资源的浪费，从而更好地符合绿色计算的理念。

3. 长寿命设计与循环经济

云计算服务提供商通常设计和维护大规模的数据中心，这些数据中心采用了更长寿命的硬件设备。同时，云计算支持了循环经济的理念，通过重新分配和再利用旧设备，减少了对资源的过度消耗。

4. 云计算与绿色认证

越来越多的云服务提供商开始关注绿色认证，通过获得一系列的环境认证，证明其数据中心的运营是环保和可持续的。这些认证通常包括能源效率、碳足迹和可再生能源的使用等方面，为用户提供了选择环保可持续的云服务的机会。

（五）社会责任与云计算

1. 云计算的社会价值

云计算不仅在能源效率、碳减排和绿色计算方面发挥了积极作用，还对社会的可持续发展产生了广泛的社会价值。以下是云计算在社会责任方面的贡献。

教育和培训：云计算提供了广泛的在线教育和培训资源，使得教育更加普及和可及。这有助于提高人们的技能水平，促进社会的人力资源发展。

医疗卫生：云计算支持医疗信息化，促进了医疗卫生领域的数字化转型。通过云平台，医疗数据得以更好地存储、共享和分析，为医疗决策提供了更科学、高效的支持。

创新和科研：云计算提供了强大的计算和存储能力，为科研和创新提供了平台。研究人员可以通过云平台访问大规模的数据集和计算资源，推动科学和技术的发展。

2. 数字包容性

云计算为数字包容性的实现提供了有力支持。通过云服务，即使在资源匮乏的地区，用户也能够访问到丰富的信息和服务。这有助于缩小不同地区、不同社群之间的数字鸿沟，促进社会的均衡发展。

3. 云计算的灾害响应

云计算在自然灾害和紧急情况下也发挥了重要的作用。通过云计算，灾区可以更迅速地获得援助和支持，数据的备份和恢复也更为高效。这有助于提高社会的抗灾能力和灾后恢复速度。

（六）持续挑战与解决方案

1. 数据中心的能源来源

尽管越来越多的数据中心采用可再生能源，但有一些仍然依赖于传统的能源供应。推动数据中心完全过渡到可再生能源的转变仍然是一个挑战。解决方案包括增加可再生能源的使用、提高能源效率等。

2. 电子废物处理

随着云计算设备的不断更新，电子废物成为一个值得关注的问题。推动可持续发展的解决方案之一是采用更环保、可回收的材料，并制定更加严格的电子废物处理政策。

3. 安全与隐私问题

随着云计算的广泛应用，安全和隐私问题日益凸显。解决方案包括加强数据加密、改进身份认证系统、完善法规和监管，以确保用户和企业数据得到充分的保护。

4. 数字鸿沟

虽然云计算促进了数字化转型，但在一些地区和社群中，数字鸿沟仍然存在。解决方案包括加强数字基础设施建设、提供培训和支持，以确保更多人能够受益于云计算的发展。

　　云计算在可持续发展中发挥着积极的作用，同时也面临一些挑战。未来，云计算将继续推动可持续发展，通过技术创新、全球协作和社会责任的履行，实现数字化和可持续发展的双赢局面。随着技术的不断发展和社会对可持续性的日益重视，云计算将成为塑造数字化未来的重要力量。

第五章

安全与隐私保护技术

第一节 数据通信安全基础

一、密码学基础

密码学是一门研究通信安全的学科，它涉及加密和解密技术，以保护信息的机密性、完整性和可用性。密码学在现代信息社会中扮演着关键的角色，用于确保数据的安全传输和存储。本书将介绍密码学的基础知识，包括加密算法、密钥管理、散列函数等方面。

（一）密码学概述

1. 密码学定义

密码学是一门研究如何在通信中保障信息安全的学科。它包括两个主要的分支。

加密学：负责设计和分析密码算法，以便确保信息的安全传输。

解密学：旨在破解密码系统，寻找弱点并防范潜在的攻击。

2. 密码学的目标

密码学的主要目标是实现以下三个方面的安全性。

机密性：确保未经授权的用户无法理解或访问加密的信息。

完整性：防止信息在传输或存储过程中被篡改，确保信息的完整性。

可用性：确保合法用户在需要时能够访问信息。

（二）加密算法

1. 对称加密与非对称加密

（1）对称加密

对称加密使用相同的密钥进行加密和解密。这意味着发送和接收方必须共享相同的密钥。常见的对称加密算法有 DES（数据加密标准）、AES（高级加密标准）等。

（2）非对称加密

非对称加密使用一对密钥，分别是公钥和私钥。公钥用于加密，私钥用于解密。由于这两个密钥是不同的，只有私钥的拥有者能够解密由公钥加密的信息。RSA 是最常见的非对称加密算法之一。

2. 哈希函数

哈希函数是一种将任意大小的数据映射为固定大小的值的函数。它的主要特征如下。

固定输出长度：无论输入的数据有多长，哈希函数的输出长度是固定的。

不可逆性：由哈希函数计算得到的哈希值不能反推出原始数据。

哈希函数常用于验证数据的完整性，密码学中常用的哈希算法包括 MD5、SHA-1、SHA-256 等。

（三）密钥管理

1. 密钥的生成与分发

在加密算法中，密钥是确保安全性的核心。密钥的生成和分发是一个至关重要的问题。

随机生成：利用随机数生成器生成强随机性的密钥。

密钥交换协议：使用协商密钥的方式，例如 Diffie-Hellman 密钥交换协议。

2. 密钥的存储与保护

密钥的存储和保护同样至关重要。一旦密钥泄漏，加密系统的安全性就会受到威胁。

硬件存储：使用专门的硬件安全模块（HSM）等物理设备来存储密钥。

访问控制：限制对密钥的访问，确保只有授权用户可以使用密钥。

（四）数字签名与认证

1. 数字签名

数字签名是一种类似于手写签名的数字代码，用于验证文档的完整性和来源。数字签名通常使用发送方的私钥生成，而验证则使用发送方的公钥。这确保了只有私钥的拥有者能够生成正确的数字签名。

2. 数字证书

数字证书用于验证公钥的真实性。数字证书包含公钥以及与该公钥相关的一些其他信息，并由证书颁发机构（CA）签名。用户可以通过 CA 来验证公钥的真实性，从而建立安全的通信。

（五）常见的攻击与防御

1. 重放攻击

重放攻击是攻击者通过截获并再次发送通信数据的方式来伪造成合法用户。防御手段包括使用时间戳、一次性密码等。

2. 中间人攻击

中间人攻击是指攻击者在通信过程中截获并修改数据，而通信双方并不知情。使用数字签名、SSL/TLS 等加密通信协议可以防御中间人攻击。

3. 字典攻击

字典攻击是攻击者通过尝试所有可能的密码组合来破解密码。使用强密码、多因素身份验证等手段可以有效抵御字典攻击。

（六）量子计算与密码学

随着量子计算技术的发展，传统的加密算法可能会面临破解的威胁。传统加密算法的安全性基于大数的因子分解难题和离散对数问题，而量子计算具有在多项式时间内解决这些问题的潜力。

1. 量子计算的威胁

量子计算中的量子比特的并行性和量子纠缠的特性使得传统加密算法中的某些困难问题变得容易解决。例如，Shor 算法可以在量子计算中迅速解决大数的因子分解问题，从而破解目前广泛使用的 RSA 加密算法。

2. 抗量子密码学

为了应对量子计算的威胁，研究人员正在发展抗量子密码学。这包括使用量子密钥分发（QKD）协议，这种协议基于物理学的原理，通过量子态的传递来实现安全的密钥分发。新的非对称加密算法，如基于格的加密、哈希函数和码基加密等，被认为在量子计算背景下更为安全。这些算法的设计考虑了量子计算的影响，目的是保持加密的强度。

（七）应用领域

1. 通信安全

密码学在通信领域得到了广泛应用，确保了信息在传输过程中的机密性和完整性。SSL/TLS 协议用于安全的网页传输，虚拟私人网络用于保护远程通信。

2. 数字货币与区块链

密码学是区块链技术的基础，确保了交易的安全性和不可篡改性。比特币等数字货币使用了公钥加密和哈希函数等密码学算法。

3. 身份验证与访问控制

密码学用于身份验证和访问控制，包括密码学哈希函数存储密码、数字签名用于认证、双因素认证等。

4. 数据保护

在存储和传输过程中，密码学被用于保护数据的机密性。全盘加密、文件加密等技术都依赖密码学算法。

（八）伦理与隐私考虑

1. 隐私权保护

在使用密码学技术时，隐私权保护是一个重要的伦理问题。个人和组织在设计和使用密码学系统时应考虑用户数据的合法使用和保护。

2. 合规性和法规

在一些国家和行业中，对于使用密码学的系统和服务有相关的法规和合规性要求。在设计和实施密码学系统时，必须考虑符合当地和行业标准的要求。

密码学作为信息安全的基石，在现代社会中发挥着至关重要的作用。随着技术的发展，密码学领域不断演进，以抵御新的威胁。了解密码学的基础知识，包括加密算法、密钥管理、数字签名等方面，对于确保信息的安全性至关重要。在使用密码学技术时，同时也需要考虑伦理和隐私的问题，确保合法合规地使用。密码学将继续在各个领域为信息安全提供支持，为数字化社会的发展提供可靠的保障。

二、数字证书与公钥基础设施

在当今数字化的世界中，安全通信和数据传输至关重要。数字证书和公钥基础设施（PKI）是实现这一目标的关键元素。数字证书为通信双方提供了一种安全的身份验证机制，而公钥基础设施为数字证书的创建、分发和管理提供了框架。本书将探讨数字证书和公钥基础设施的基本原理、工作流程、应用领域，以及相关的挑战和未来发展方向。

（一）数字证书的基本原理

1. 数字证书的定义

数字证书是一种用于验证网络通信中通信实体身份的数字凭证。它是由可信的第三方实体（证书颁发机构，CA）颁发的，包含了公钥、持有者信息和 CA 的数字签名。数字证书的核心作用是确保公钥的真实性和完整性。

2. 数字证书的组成部分

一个标准的数字证书通常包含以下几个主要部分。

公钥：公钥是证书持有者用于加密数据或验证数字签名的关键。

持有者信息：包括证书持有者的标识信息，比如姓名、电子邮件地址等。

数字签名：由颁发该证书的 CA 使用其私钥生成的，用于验证证书的真实性和完整性。

有效期：证书的生效日期和失效日期，确保证书在一定时间范围内有效。

3. 数字签名的作用

数字签名是确保数字证书的真实性和完整性的关键。CA 使用其私钥对证书信息进行数字签名，而验证方可以使用 CA 的公钥来验证数字签名，从而确保证书没有被篡改且确实是由 CA 颁发的。

（二）公钥基础设施（PKI）的基本原理

1. PKI 的定义

公钥基础设施是一套结构化的技术和政策，用于生成、管理、分发、使用、存储和撤销数字证书。PKI 为建立在非安全网络上的安全通信提供了一种框架。

2. PKI 的关键组成部分

一个典型的 PKI 包含以下关键组成部分。

证书颁发机构（CA）：负责颁发数字证书并对证书持有者的身份进行验证。

注册机构（RA）：协助 CA 进行身份验证，但不颁发数字证书。

证书库：存储所有已颁发的数字证书的数据库。

证书撤销列表（CRL）：包含吊销证书的列表，用于验证某个证书是否被吊销。

公钥目录：存储公钥及相关信息的目录服务，用于验证证书的有效性。

3. PKI 的工作流程

PKI 的工作流程涉及以下关键步骤。

密钥对生成：实体生成一对公钥和私钥。

证书请求：实体向 CA 提交证书请求，包含公钥和持有者信息。

身份验证：CA 或 RA 对请求者的身份进行验证。

证书颁发：CA 颁发数字证书，其中包含公钥、持有者信息和数字签名。

证书分发：CA 将数字证书分发给证书持有者。

证书验证：通信双方使用证书验证对方的公钥的真实性和完整性。

密钥交换：通信双方使用对方的公钥进行密钥交换，确保通信的机密性。

证书更新和吊销：证书会在一定时间后过期，需要定期更新。此外，如果证书持有者的私钥被泄露或有其他安全问题，证书可以被吊销。

（三）数字证书与 PKI 的应用领域

1. 安全通信

数字证书和 PKI 在安全通信中扮演着关键的角色。SSL/TLS 协议使用数字证书来建立安全的网络连接，例如在网上购物和在线银行业务中。

2. 身份验证

数字证书和 PKI 被广泛用于身份验证场景，包括远程访问、虚拟私人网络（VPN）、电子邮件等。

3. 数字签名

数字证书用于支持数字签名，确保文档的完整性和来源的真实性。这在合同签署、法律文件等领域得到广泛应用。

4. 无线通信

在无线通信中，数字证书和 PKI 用于保护移动设备和基站之间的通信，以及在移动设备之间建立安全通信。

（四）挑战与解决方案

1. 信任问题

信任是 PKI 的核心，但信任链中的任何环节出现问题都可能影响整个 PKI 系统。解决方案包括建立多层次的信任、定期审查和更新 CA 的安全措施。

2. 证书吊销问题

证书吊销是指在证书的有效期内，由于某些原因，证书需要提前失效。然而，证书吊销的信息需要及时传递给各个使用方。证书吊销列表（CRL）是一种常用的方法，但它需要定期更新，而实时性相对较差。在线证书状态协议（OCSP）是一种更即时的吊销检查机制，但也存在一定的隐私和性能考虑。

3. 私钥管理

私钥的安全管理对于整个 PKI 系统的安全至关重要。私钥的泄露或不当使用可能导致严重的安全问题。硬件安全模块（HSM）是一种常见的用于私钥安全存储和处理的物理设备。此外，采用严格的访问控制、定期轮换密钥等策略也是私钥管理的重要方面。

4. 用户体验和部署复杂性

在某些情况下，数字证书的使用可能给用户带来一定的复杂性，尤其是在个人用户和小型企业中。提高用户体验、简化证书颁发和部署流程，以及使用自动化工具都是解决这一问题的途径。

5. 量子计算的威胁

随着量子计算技术的发展，传统的加密算法可能会受到威胁，包括数字证书和 PKI 中使用的加密算法。抗量子密码学的研究是应对这一挑战的重要方向，以确保未来系统的安全性。

（五）未来发展方向

1. 抗量子密码学

随着量子计算崭露头角，抗量子密码学的研究将变得尤为重要。新的加密算法需要在量子计算的环境下保持安全性，以应对未来的威胁。

2. 区块链和去中心化身份

区块链技术和去中心化身份（DID）的兴起可能会改变数字证书和身份验证的范式。使用区块链作为去中心化的信任基础，可以提供更加透明和可验证的身份系统。

3. 自动化和智能化

自动化和智能化技术的发展将有助于简化数字证书和PKI的管理流程。自动化工具、智能合约和机器学习等技术可以用于检测异常行为、自动更新证书等方面。

4. 生物特征和多因素身份验证

生物特征识别技术（如指纹识别、人脸识别）和多因素身份验证将成为数字身份验证领域的重要发展方向。这些技术可以增加身份验证的安全性，同时提供更便捷的用户体验。

数字证书和公钥基础设施是保障数字通信和身份验证安全的核心技术。它们在安全通信、身份验证、数字签名等方面发挥着关键作用。然而，随着技术的发展和威胁的演变，数字证书和PKI系统也面临一些挑战。未来的发展方向包括抗量子密码学、区块链应用、自动化和智能化，以及生物特征和多因素身份验证等方面。这些发展将有助于进一步提升数字身份和通信的安全性，并满足不断增长的安全需求。

三、安全协议与机制

在当今数字化的世界中，信息的安全性是至关重要的。网络通信、数据传输、身份验证等涉及安全性的方方面面都需要可靠的安全协议与机制来确保。本书将探讨安全协议与机制的基本概念、常见应用、工作原理，以及未来的发展趋势。

（一）安全协议与机制的基本概念

1. 安全协议

安全协议是一套规则和约定，用于确保在网络通信中信息的安全传输。它们定义了参与者之间的通信规则，包括数据加密、身份验证、密钥交换等。常见的安全协议包括 SSL/TLS、IPsec、SSH 等。

2. 安全机制

安全机制是指为了保护计算机系统和网络而采取的各种技术手段。这些机制涉及许多方面，包括访问控制、加密解密、身份认证、安全审计等。安全机制的目标是确保系统的机密性、完整性和可用性。

（二）常见的安全协议与机制

1. 安全套接层和传输层安全

安全套接层 SSL 和传输层安全 TLS 是用于在互联网上保护数据传输安全的协议。它们使用对称和非对称加密算法，确保数据的机密性和完整性。SSL 已经被 TLS 取代，但它们的基本原理相似。

2. IPsec

IPsec 是一组协议，用于在 IP 网络上提供数据包级别的安全。它可以用于加密和身份验证网络通信，通常被用于虚拟私人网络（VPN）。

3. 安全外壳

安全外壳 SSH 是一种用于在网络上安全访问远程计算机的协议。它提供了加密的通信和身份验证，使得用户可以在不安全的网络上安全地进行远程登录。

4. OAuth

OAuth 是一种用于授权的开放标准，允许用户让第三方应用访问他们的资源，而无须将凭证（如用户名和密码）暴露给第三方。它通常用于 Web 和移动应用的身份验证。

5. 数字签名

数字签名是一种用于验证文档的完整性和来源真实性的机制。它涉及使用私钥对文档进行签名，而验证方使用相应的公钥来验证签名的有效性。

6. 防火墙

防火墙是一种网络安全设备，用于监控、过滤和控制网络流量。它可以帮助阻止未经授权的访问，防范网络攻击，确保网络的安全性。

（三）安全机制的工作原理

1. 数据加密与解密

数据加密是安全机制的核心之一。它使用加密算法将原始数据转换为密文，以确保只有具有正确密钥的人能够解密并读取数据。对称加密和非对称加密是两种常见的加密方式。

对称加密：使用相同的密钥进行加密和解密。常见算法包括高级加密标准和数据加密标准。

非对称加密：使用一对相关的密钥，一个用于加密，另一个用于解密。常见算法包括 RSA。

2. 身份认证

身份认证是安全机制中的另一个重要方面。它确保参与通信的实体是其声称的那个实体。常见的身份认证方式如下。

用户名和密码认证：用户提供用户名和密码进行身份验证。

双因素认证：除了用户名和密码外，还需要提供第二因素，如手机验证码、硬件令牌等。

生物特征认证：使用生物特征，如指纹、面部识别等进行身份验证。

3. 访问控制

访问控制是确保只有授权用户能够访问资源的关键机制。

基于角色的访问控制（RBAC）：将用户分配到不同的角色，并基于角色对资源进行访问控制。

访问策略：定义访问资源的规则，例如白名单和黑名单。

4. 安全审计

安全审计是一种监控和记录系统和网络活动的方法。它用于检测潜在的安全威胁，以及分析和恢复受到安全事件的影响。

事件记录：记录关键的系统和网络事件，包括登录、文件访问、配置更改等。

日志分析：分析记录的事件，检测异常行为，警告或采取适当的相应措施。

报告生成：生成安全审计报告，汇总事件、分析趋势，并提供对安全状况的洞察。

（四）安全协议与机制的应用领域

1. 通信安全

安全协议和机制在通信领域中广泛应用，确保数据在传输过程中的机密性和完整性。SSL/TLS 协议用于保护网页传输，IPsec 用于加密网络通信，SSH 用于安全的远程访问。

2. 身份验证与访问控制

安全机制用于确保只有经过身份验证的用户能够访问敏感资源。双因素认证、RBAC 等机制在身份验证与访问控制中发挥着关键作用。

3. 数据保护

数据加密是保护存储和传输中的敏感数据的重要手段。加密算法和机制用于确保数据只能被授权用户访问，即使在数据泄露的情况下也能保持机密性。

4. 网络安全

防火墙、入侵检测与防御系统（IDS/IPS）等安全机制用于保护网络免受恶意攻击。这些机制监控和过滤网络流量，防范各种网络威胁。

5. 云安全

在云计算环境中，安全协议和机制变得尤为重要。安全协议用于加密云中的数据传输，访问控制机制用于确保合法用户能够访问其云资源。

（五）挑战与解决方案

1. 集成与兼容性

在不同的系统和应用之间实现安全协议和机制的兼容性可能是一个挑战。解决方案包括采用标准化的安全协议、接口和 API，以确保集成的顺利进行。

2. 新型威胁

随着技术的发展，新型威胁和攻击不断涌现。安全协议和机制需要不断更新和升级，以适应新的安全挑战。定期的安全漏洞评估和更新是解决这一问题的关键。

3. 用户教育

用户的安全意识和教育是保障安全协议和机制有效运行的重要环节。解决方案包括开展安全培训、提供用户友好的安全控制界面等。

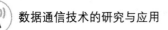

4. 隐私保护

随着对个人隐私的关注增加，安全协议和机制需要更加注重隐私保护。采用加密技术、数据匿名化等手段来确保用户的隐私权。

（六）未来发展趋势

1. 强化密码学

随着量子计算等技术的崛起，传统密码学面临挑战。未来的发展趋势包括采用抗量子密码学、量子密钥分发等新的密码学技术。

2. 人工智能与安全

人工智能在网络安全领域的应用将会增加。AI 可以用于检测异常行为、自动化威胁响应等方面，提高安全机制的智能性。

3. 区块链技术

区块链技术的兴起为安全协议和机制提供了新的可能性。去中心化身份认证、分布式安全日志等应用有望推动安全机制的创新。

4. 5G 安全

随着 5G 技术的普及，5G 网络的安全将成为一个重要的焦点。新的安全协议和机制将需要应对 5G 网络带来的挑战，包括更高的数据速率、更大的设备连接数和更低的延迟。对于 5G 网络的安全来说，需要强调隐私保护、网络切片安全、边缘计算安全等方面的问题。

5. 边缘计算与物联网安全

边缘计算和物联网（IoT）的发展推动了设备间的更加复杂和广泛的通信。相应地，安全协议和机制需要适应边缘环境的特殊需求，包括设备身份认证、通信加密、固件安全等。

6. 智能合约与智能安全

区块链技术的发展引入了智能合约的概念，这是一种能够自动执行合同条款的计算机程序。智能合约的安全性将成为一个关键问题，需要进一步研究漏洞的防范和安全审计的方法。

7. 零信任安全模型

零信任安全模型认为在网络中没有可信的实体，每个用户、设备或应用程序都需要验证身份和权限。未来的安全协议和机制可能会更加倚重零信任模型，通过多层次的验证和访问控制来保护系统的安全。

8. 生物识别技术

随着技术的进步，生物识别技术如指纹识别、虹膜识别、声纹识别等在身份认证领域的应用将会更加广泛。这些技术有望提高身份认证的精度和安全性。

安全协议与机制是保障信息系统和网络安全的基石。通过数据加密、身份认证、访问控制等手段，它们确保了通信的机密性、完整性和可用性。然而，随着技术的不断发展和威胁的不断演变，安全协议与机制也需要不断升级和创新。未来的发展趋势包括抵御新型威胁的密码学技术、智能化的安全机制、区块链应用、5G 网络安全等方面。同时，用户教育和隐私保护也将成为关注的焦点。在不断提升安全性的同时，需平衡与便利性、效率性的权衡，为数字化社会提供更加安全可靠的网络环境。

第二节 网络安全与攻防技术

一、防火墙与入侵检测系统

在当今数字化的时代，网络安全成为各个组织和个人关注的焦点。

为了保护计算机网络免受恶意攻击和未经授权的访问，防火墙和入侵检测系统（IDS）成为网络安全架构的重要组成部分。本书将探讨防火墙和入侵检测系统的基本原理、功能、工作机制，以及它们在网络安全中的作用。

（一）防火墙的基本原理与功能

1. 防火墙的定义

防火墙是一种网络安全设备，用于监控、过滤和控制网络流量。其主要目标是防止未经授权地访问、控制数据包的流动，从而保护内部网络免受网络攻击。

2. 防火墙的基本功能

包过滤：防火墙根据预定义的规则检查数据包的源、目标地址、端口等信息，决定是否允许或拒绝数据包通过。

状态检测：防火墙能够追踪网络连接的状态，确保只有合法的连接能够通过。

代理服务：防火墙可以代理内部用户与外部服务器之间的通信，隐藏内部网络结构，提高安全性。

网络地址转换：防火墙可以修改数据包的源或目标地址，以隐藏内部网络的真实地址。

虚拟专用网络支持：防火墙能够支持安全的远程访问，通过加密和隧道技术建立安全的连接。

阻止恶意代码：防火墙可以阻止含有恶意代码的数据包，如病毒、恶意软件等。

3. 防火墙的部署位置

防火墙可以部署在网络的不同位置。

网络边界防火墙：部署在网络与互联网之间，保护内部网络免受外部网络的攻击。

主机防火墙：部署在单个计算机上，保护该计算机免受本地网络或互联网的攻击。

内部防火墙：部署在内部网络的子网之间，提高内部网络的安全性。

（二）入侵检测系统（IDS）的基本原理与功能

1. 入侵检测系统的定义

入侵检测系统是一种监视网络或系统活动的安全设备，用于检测并响应潜在的安全威胁和攻击。其主要目标是通过实时监控和分析网络流量、日志和事件，识别并阻止恶意行为。

2. 入侵检测系统的基本功能

实时监控：IDS 实时监控网络流量、系统日志和事件，以检测异常行为。

事件识别：IDS 使用事先定义的规则、特征或模型来识别可能的安全事件和攻击。

警报生成：一旦发现异常或攻击，IDS 生成警报并通知安全管理员。

日志记录：IDS 记录检测到的事件和相应的响应，以便进行事后分析和审计。

响应机制：一些高级的 IDS 具有响应机制，可以自动执行阻断或隔离措施来应对威胁。

3. 入侵检测系统的部署位置

入侵检测系统可以部署在网络的不同位置。

网络入口处：监控进入网络的流量，检测外部攻击。

内部网络：监控内部网络流量，检测横向移动的攻击或内部威胁。

主机级：部署在单个计算机上，监控该计算机的活动。

（三）防火墙与入侵检测系统的工作机制

1. 防火墙的工作机制

数据包过滤：防火墙根据预定义的规则检查数据包的源、目标地址、端口等信息，根据规则允许或拒绝数据包。

状态检测：防火墙追踪网络连接的状态，允许只有合法的连接通过。

代理服务：防火墙代理内部用户与外部服务器之间的通信，防止直接的网络接触。

网络地址转换：防火墙通过 NAT 技术修改数据包的源或目标地址，隐藏内部网络结构。

2. 入侵检测系统的工作机制

数据收集：IDS 收集网络流量、系统日志、事件等信息。

特征匹配：IDS 使用预定义的规则、特征或模型来匹配网络流量中的异常行为。

异常检测：IDS 检测流量中的异常行为，可能采用统计学方法、机器学习算法或基于签名的检测方法，以识别潜在的威胁。

警报生成：一旦 IDS 检测到异常或攻击，它会生成警报并通知安全管理员。这可以包括发送电子邮件、短信或其他形式的通知。

响应机制：高级的 IDS 可以采取主动措施，如阻断攻击流量、隔离受感染的系统或应用其他安全措施以应对威胁。

（四）防火墙与入侵检测系统的协同工作

防火墙和入侵检测系统通常协同工作，以提供更全面的网络安全防护。

实时监控：防火墙和 IDS 都进行实时监控，但侧重点略有不同。防火墙主要关注网络流量的合法性，而 IDS 更关注异常行为的检测。

事件响应：防火墙可以根据规则主动阻断流量，而 IDS 主要生成警报并通知管理员。联合使用时，IDS 的警报可以触发防火墙的阻断措施，实现更快速的响应。

日志记录与分析：防火墙和 IDS 都记录活动日志，这些日志对于事后的审计和分析非常重要。管理员可以通过分析这些日志来识别潜在的威胁和加强网络安全策略。

多层次防御：防火墙和 IDS 提供了多层次的防御。防火墙在网络边缘防止未经授权的访问，IDS 在网络内部检测异常行为。通过结合使用，可以建立更加健壮的安全架构。

（五）面临的挑战与未来发展趋势

1. 挑战

加密流量的处理：随着越来越多的流量采用加密协议（如 HTTPS），防火墙和 IDS 面临更大的挑战，因为它们需要解密流量以进行检查，但这也可能引发隐私和合规性问题。

高级威胁：针对性、复杂的高级威胁（APT）对传统的防火墙和 IDS 构成挑战。这些威胁可能能够绕过常规的检测机制，需要更加智能和先进的防护手段。

零日漏洞：针对尚未被厂商发现或修复的漏洞的攻击称为零日攻击。对于防火墙和 IDS 来说，及时发现和阻止零日攻击是一项极大的挑战。

2. 未来发展趋势

人工智能与机器学习：引入人工智能和机器学习（ML）技术将使防火墙和 IDS 能够更好地识别新型威胁，减少误报率，并提高网络安全的智能性。

云原生安全：随着云计算的普及，防火墙和 IDS 需要更好地适应云环境，提供云原生的安全解决方案，包括对容器和微服务的支持。

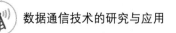

边缘安全：随着边缘计算的发展，防火墙和 IDS 将在边缘设备上发挥更重要的作用，保护分布式的边缘网络。

自适应安全策略：未来的防火墙和 IDS 将更加自适应，能够根据网络流量、用户行为和威胁情报实时调整安全策略。

合并安全技术：综合利用防火墙、IDS、终端安全等技术，建立全面的安全生态系统，实现多层次、全方位的防御。

防火墙与入侵检测系统作为网络安全的基石，为组织和个人提供了重要的防护手段。防火墙通过监控、过滤和控制网络流量来防范外部攻击，而入侵检测系统通过实时监控和分析网络活动来检测潜在的威胁。它们的协同工作能够在多个层面提升网络安全水平。

然而，随着网络威胁的不断演进，防火墙与入侵检测系统也面临着新的挑战。加密流量、高级威胁、零日漏洞等问题需要更加智能、先进的解决方案。未来的发展趋势包括引入人工智能与机器学习、云原生安全、边缘安全等新技术，以应对不断变化的网络安全威胁。通过不断创新和升级，防火墙与入侵检测系统将继续在网络安全中发挥作用。

二、安全路由与访问控制

在当今数字化的时代，网络安全是组织和个人关注的焦点之一。安全路由和访问控制是网络安全体系中的两个重要组成部分，它们通过管理和控制网络流量，确保网络的机密性、完整性和可用性。本书将探讨安全路由和访问控制的基本原理、功能、工作机制，以及它们在网络安全中的作用。

（一）安全路由的基本原理与功能

1. 安全路由的定义

安全路由是指在路由器和交换机等网络设备上实施安全策略，以保护网络免受各种攻击和威胁。它结合了路由技术和安全技术，确保数据在网络中的传输过程中不受未经授权的访问和恶意篡改。

2. 安全路由的基本功能

数据包过滤：安全路由通过检查数据包的源、目标地址、端口等信息，根据事先定义的安全策略决定是否允许或拒绝数据包通过。

虚拟专用网络（VPN）支持：安全路由可以实现安全的 VPN 连接，通过加密和隧道技术，在公共网络上建立私密的通信通道。

防御拒绝服务攻击（DDoS）：安全路由可以实施防御措施，减缓或抵御来自大规模流量的 DDoS 攻击。

网络地址转换（NAT）：安全路由通过修改数据包的源或目标地址，隐藏内部网络结构，提高网络的安全性。

流量管理：安全路由可以管理网络流量，根据优先级和策略控制流量的分配，确保关键业务的正常运行。

3. 安全路由的部署位置

安全路由可以部署在网络的不同位置。

边界路由器：部署在网络与互联网之间，保护内部网络免受外部网络的攻击。

内部路由器：部署在内部网络中，提高内部网络的安全性，实施细粒度的访问控制。

（二）访问控制的基本原理与功能

1. 访问控制的定义

访问控制是一种网络安全机制，用于管理和控制对系统、网络或应用资源的访问权限。它确保只有经过授权的用户或设备能够访问特定的资源，从而减少潜在的安全威胁。

2. 访问控制的基本功能

身份认证：访问控制通过身份认证机制确认用户或设备的身份，确保访问请求的合法性。

授权：一旦用户或设备通过身份认证，访问控制根据事先定义的权限策略，授予相应的访问权限。

审计：访问控制记录和审计用户或设备的访问活动，以便事后的审计、故障排查和合规性检查。

动态访问控制：根据实时的安全威胁情况和网络环境的变化，访问控制可以动态调整用户或设备的访问权限。

单点登录（SSO）：访问控制可以实现单点登录，用户只需一次身份认证就可以访问多个系统或应用。

3. 访问控制的类型

访问控制可以分为以下几种类型。

基于角色的访问控制（RBAC）：将用户分配到不同的角色，每个角色具有一组特定的权限，简化权限管理。

强制访问控制（MAC）：访问权限由系统管理员强制定义，用户无法更改，通常用于处理机密信息。

自主访问控制（DAC）：用户拥有对自己创建的对象的控制权，包括对文件、文件夹等资源的控制。

内容级访问控制（CAC）：根据内容的属性或标签来控制对资源的访问，适用于需要对敏感信息进行精细控制的场景。

时序访问控制：基于时间的访问控制，可以限制用户在特定时间段内的访问权限，增加安全性。

（三）安全路由与访问控制的工作机制

1. 安全路由的工作机制

数据包过滤：安全路由通过检查数据包头部的源地址、目标地址、端口等信息，根据预定义的安全策略决定是否允许或拒绝数据包通过。

虚拟专用网络（VPN）：安全路由使用加密协议和隧道技术，建立安全的 VPN 连接，确保在公共网络上的数据传输的隐私性和完整性。

防御拒绝服务攻击（DDoS）：安全路由可以监测流量模式，检测和抵御来自大规模流量的 DDoS 攻击，确保网络的可用性。

网络地址转换（NAT）：安全路由通过 NAT 技术修改数据包的源或目标地址，隐藏内部网络结构，增加对外部攻击的难度。

2. 访问控制的工作机制

身份认证：访问控制通过用户名密码、生物特征识别、多因素认证等手段对用户或设备进行身份认证。

授权：一旦身份认证成功，访问控制根据预先定义的策略，授予用户或设备相应的访问权限，包括读取、写入、执行等权限。

审计：访问控制记录用户或设备的访问活动，包括访问的资源、时间、操作等信息，以便事后的审计和监控。

动态访问控制：根据实时的威胁情报和网络环境变化，访问控制可以动态调整用户或设备的访问权限，增强网络的实时响应能力。

（四）安全路由与访问控制的协同工作

安全路由与访问控制通常协同工作,以建立多层次的网络安全防护。

综合策略：安全路由和访问控制可以综合考虑，制定全面的安全策略。例如，安全路由可以限制特定区域的流量，而访问控制可以基于用户身份和权限控制对资源的访问。

威胁情报共享：安全路由可以通过监测网络流量来检测潜在的威胁，

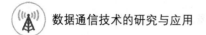

将这些信息传递给访问控制系统，以调整访问策略。

动态响应：当安全路由检测到异常流量或威胁时，可以触发访问控制系统进行动态调整，限制相关用户或设备的访问权限，以防止潜在的安全威胁。

审计与监控：安全路由和访问控制均生成审计日志，这些日志可供管理员用于监控网络活动、进行事后审计以及提高网络安全性。

（五）面临的挑战与未来发展趋势

1. 挑战

复杂性：随着网络规模的扩大和技术的发展，安全路由和访问控制面临日益复杂的网络环境，管理和维护变得更加困难。

加密流量：加密流量的普及使得传统的检测和过滤方法受到限制，需要更加先进的技术来处理加密流量。

零日攻击：对于未知的、尚未被发现的漏洞和攻击手法，传统的安全路由和访问控制可能无法提供充分的防护。

2. 未来发展趋势

人工智能与机器学习：引入人工智能和机器学习技术，使安全路由和访问控制能够更好地识别新型威胁，提高网络安全的智能性。

边缘安全：随着边缘计算的发展，安全路由和访问控制将在边缘设备上发挥更加重要的作用，保护分布式的边缘网络。

云原生安全：随着企业广泛采用云服务，安全路由和访问控制需要更好地适应云环境，提供云原生的安全解决方案，包括对容器和微服务的支持。

零信任安全模型：零信任安全模型认为在网络中没有可信实体，每个用户、设备或应用程序都需要验证身份和权限。未来的发展趋势将更加强调零信任安全模型，通过多层次的验证和访问控制来保护系统的安全。

物联网（IoT）安全：随着物联网设备的普及，安全路由和访问控制需要更好地应对物联网安全挑战，包括设备身份验证、通信加密等方面的问题。

自适应安全策略：未来的安全路由和访问控制将更加自适应，能够根据网络流量、用户行为和威胁情报实时调整安全策略，提供更加灵活和智能的安全保护。

安全路由和访问控制作为网络安全的重要组成部分，通过管理和控制网络流量、访问权限，确保了网络的机密性、完整性和可用性。它们的协同工作建立了多层次的网络安全防护，从而更好地抵御各种网络威胁。

然而，随着网络环境的不断演变和复杂化，安全路由和访问控制面临着新的挑战。加密流量、复杂的网络拓扑、零日攻击等问题需要更加智能、先进的解决方案。未来的发展趋势包括引入人工智能与机器学习、云原生安全、零信任安全模型等新技术，以适应不断变化的网络安全威胁。通过不断创新和升级，安全路由和访问控制将继续在网络安全中发挥关键的作用，为用户和组织提供更加安全可靠的网络环境。

三、恶意代码与漏洞分析

在数字化时代，恶意代码和漏洞是网络安全领域中的两个主要挑战。恶意代码是指设计用来破坏、入侵或操纵计算机系统的恶意软件，而漏洞则是系统或软件中存在的安全弱点，可能被攻击者利用。本书将探讨恶意代码和漏洞的概念、类型、分析方法和防范措施。

（一）恶意代码分析

1. 恶意代码的定义

恶意代码是指那些被设计用来对计算机、网络或数据造成破坏、入侵或操纵的软件。这些代码的目的可能包括窃取敏感信息、破坏系统功能、传播病毒等。恶意代码的形式多种多样，包括病毒、蠕虫、木马、恶意软件等。

2. 恶意代码的类型

病毒：病毒是一种通过感染其他程序或文件来传播的恶意代码。一旦被执行，病毒会尝试感染其他可执行文件，从而传播到更多的系统。

蠕虫：蠕虫是一种自我传播的恶意代码，它能够在网络上迅速传播，无须依赖宿主文件。蠕虫可以利用系统漏洞进行传播，并且能够独立运行。

木马：木马是伪装成有用或正常程序的恶意代码，它在用户不知情的情况下进入系统，并在后台执行恶意操作，如窃取敏感信息。

恶意软件：恶意软件是一个广泛的术语，包括各种恶意代码，如病毒、蠕虫、木马、间谍软件、广告软件等。

勒索软件：勒索软件加密用户文件或系统，并勒索用户支付赎金以获取解密密钥。这种类型的恶意代码在近年来大量增加，对用户和组织构成了严重威胁。

3. 恶意代码分析方法

静态分析：静态分析是在不运行程序的情况下对其进行分析。这包括检查程序的二进制代码、反汇编、源代码等，以识别恶意行为和潜在的漏洞。

动态分析：动态分析是在运行时监视和分析程序的行为。这包括检查程序的系统调用、文件操作、网络通信等，以发现恶意活动。

沙箱分析：沙箱是一种隔离环境，可用于运行和观察恶意代码的行为。通过在沙箱中执行代码，分析人员可以观察其行为，而不会对真实系统造成危害。

签名检测：基于已知的恶意代码特征制作的签名可以用于识别和阻止已知的恶意代码。这是传统的杀毒软件使用的一种方法。

（二）漏洞分析

1. 漏洞的定义

漏洞是指系统或软件中存在的安全弱点，可能被攻击者利用来执行未经授权的操作或访问敏感信息。漏洞可以存在于操作系统、应用程序、网络协议等各个层面。

2. 漏洞的类型

缓冲区溢出：缓冲区溢出是一种常见的漏洞类型，攻击者通过向程序输入超过预分配缓冲区容量的数据，覆盖内存中的关键信息，从而执行恶意代码。

SQL 注入：SQL 注入漏洞允许攻击者通过构造恶意的 SQL 查询来执行未经授权的数据库操作，可能导致数据泄露或破坏数据库。

跨站脚本（XSS）：XSS 漏洞允许攻击者将恶意脚本注入到网页中，当用户访问这个网页时，恶意脚本会在用户浏览器中执行，从而窃取用户信息或进行其他恶意活动。

跨站请求伪造（CSRF）：CSRF 漏洞允许攻击者在用户未经同意的情况下以用户的身份执行操作。攻击者通过诱使用户点击恶意链接或访问恶意网站来实施攻击。

权限提升漏洞：这类漏洞允许攻击者通过某种方式提升其在系统或应用程序中的权限，使其能够执行更高级别的操作，如访问敏感信息或修改系统配置。

文件包含漏洞：文件包含漏洞允许攻击者在应用程序中包含本地或远程的文件，可能导致代码执行、信息泄露或其他安全问题。

3. 漏洞分析方法

代码审计：对应用程序的源代码进行审计，特别关注潜在的安全漏洞。这包括使用静态代码分析工具来寻找潜在的缺陷。

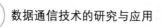

动态测试：通过在运行时模拟攻击，使用漏洞扫描工具或手动测试来发现应用程序中的漏洞。这种方法包括模糊测试、渗透测试等。

安全漏洞数据库查询：利用已知的漏洞信息和安全漏洞数据库，检查应用程序中是否存在已知的漏洞，以及是否已经有相应的补丁。

配置审查：审查系统和应用程序的配置，确保它们按照最佳实践进行安全配置，以减少攻击面。

（三）防范与应对策略

1. 防范恶意代码的策略

使用安全软件：部署可靠的杀毒软件、反恶意软件工具和入侵检测系统，及时发现并阻止潜在的恶意代码。

更新和补丁：及时安装操作系统和应用程序的安全更新和补丁，以修复已知的漏洞，减少攻击面。

网络防火墙：配置和使用网络防火墙，限制对网络的未经授权访问，减少恶意代码传播的可能性。

教育与培训：对员工进行网络安全教育和培训，提高他们对恶意代码的识别和防范意识。

访问控制：强化访问控制，限制用户对系统和文件的访问权限，减少恶意代码的扩散。

2. 防范漏洞的策略

代码审计：定期对应用程序代码进行审计，寻找潜在的漏洞并及时修复。

漏洞扫描：使用漏洞扫描工具进行定期扫描，发现系统和应用程序中的已知漏洞。

最小权限原则：为用户和应用程序分配最小必需的权限，以限制潜在的攻击面。

输入验证：对用户输入进行有效性验证，防止恶意输入导致的安全漏洞，如 SQL 注入、跨站脚本等。

网络隔离：利用网络隔离技术，将不同的系统或服务隔离开来，减少攻击者在系统中传播的可能性。

（四）未来发展趋势

1. 全球合作与信息共享

随着网络攻击越来越具有全球性，国际间的合作与信息共享将成为未来防范恶意代码和漏洞的关键。全球范围内的合作可以更迅速地检测和应对新型威胁，同时信息共享也能帮助各方更好地理解已知威胁的本质。

2. 人工智能与机器学习

人工智能（AI）和机器学习（ML）技术将在恶意代码和漏洞分析中发挥越来越重要的作用。这些技术可以帮助系统更好地识别未知的恶意行为，提高恶意代码的自动检测能力，并在漏洞分析中发现潜在的新型漏洞。

3. 自动化与自适应防御

未来的防范策略将更加注重自动化和自适应性。自动化工具可以快速检测和应对威胁，而自适应防御系统可以根据实时的威胁情报和攻击模式调整防御策略，提高系统的实时响应能力。

4. 区块链技术的应用

区块链技术的应用有望改变安全领域的格局。通过使用区块链构建安全的身份验证和访问控制系统，可以有效减少身份伪装和未经授权的访问。此外，区块链还可以用于构建可信的软件供应链，确保在开发和交付过程中不受到未经授权的篡改。

5. 智能合约审计

随着智能合约在区块链上的广泛应用，智能合约的安全审计变得至关重要。未来的发展趋势将包括更强大的智能合约审计工具和技术，以确保合约的安全性、可靠性和正确性。

6. 生物识别与硬件安全

生物识别技术如指纹、虹膜扫描等将成为更加普遍的身份验证手段，增强系统的安全性。同时，硬件安全将得到更多关注，以防范物理层面上的攻击，例如硬件供应链攻击。

7. 量子安全性

随着量子计算技术的进展，传统的加密算法可能会受到威胁。未来的安全防范策略将需要考虑到量子安全性，使用抗击量子计算攻击的密码学算法。

恶意代码和漏洞分析是网络安全中不可忽视的两个重要领域。恶意代码的不断演进和新型漏洞的不断涌现使得网络安全形势更加复杂。为了应对这一挑战，安全专家和组织需要采取多层次、综合性的安全措施。

未来，随着技术的不断发展，人工智能、区块链、生物识别等新技术将为恶意代码和漏洞分析提供更加强大的工具和方法。全球合作与信息共享将成为抵御全球性网络威胁的关键。自动化和自适应防御系统将提高网络的实时响应能力。

在未来的网络安全中，继续加强安全教育与培训，提高用户和组织对恶意代码和漏洞的认识，也将是至关重要的一环。通过共同努力，网络安全领域将更好地应对日益复杂的威胁，确保数字世界的安全与稳定。

第三节　隐私保护与合规性

一、隐私保护法规与标准

随着数字化时代的发展,个人隐私保护成为信息社会中的重要议题。为了确保公民、消费者和用户在数字环境中的隐私权利,各国和国际组织纷纷制定了一系列的隐私保护法规与标准。本书将探讨全球范围内的隐私保护法规体系和相关标准,分析其重要性、主要内容以及对企业和个人的影响。

（一）隐私保护法规

1. 欧洲通用数据保护法规

欧洲通用数据保护法规（GDPR）是欧洲联盟（EU）和欧洲经济区（EEA）国家的一项关键法规,于 2018 年 5 月 25 日生效。GDPR 的目标是保护个人数据的隐私权和数据安全,确保数据处理活动合法、公正、透明。

数据主体权利：GDPR 赋予数据主体（即个人）更多的控制权,包括访问、更正、删除等权利。

明确同意：数据处理方需要获得数据主体的明确同意,明示数据使用目的,并且同意可撤销。

数据保护官（DPO）：需要一些组织任命数据保护官,负责监督和建议有关 GDPR 的合规性。

数据移植性：数据主体有权将其数据从一家服务提供商转移到另一家,促进数据可携带性。

数据违规通知：在数据安全事件发生后,组织需在不合理的时间内通知监管机构和相关数据主体。

2. 加拿大《个人信息保护与电子文件法》

加拿大《个人信息保护与电子文件法》（PIPEDA）是加拿大联邦政府颁布的关键法规，适用于加拿大境内的私营部门。PIPEDA 旨在平衡企业对信息的需求与个人隐私权的保护之间的关系。

同意原则：个人信息的收集、使用和披露需要事先得到个人的同意。

合理收集：组织只能收集为达成明确定义的目的所需的信息。

透明度：个人需要了解组织为何收集他们的信息，以及如何使用。

访问权和更正权：个人有权访问自己的信息，并纠正其中的错误。

安全措施：组织需要采取适当的安全措施，以防止个人信息的丢失、盗用或泄露。

3. 美国《个人隐私保护法》

加利福尼亚州颁布的《加利福尼亚消费者隐私法》（CCPA）于 2020 年 1 月 1 日生效，是美国首个大规模的隐私法规。虽然它是一个州级法规，但由于加利福尼亚州的经济和人口规模，CCPA 对许多公司产生了广泛影响。

数据主体权利：个人有权知道企业收集的关于他们的信息，以及这些信息是否被出售或披露。

选择权：个人有权拒绝企业出售其个人信息。

访问权：企业需要提供一个免费的方式，让个人访问其个人信息。

未成年人隐私：未成年人在未经同意的情况下，企业不得出售其个人信息。

4. 中国个人信息保护法

中国于 2021 年 8 月颁布了《中华人民共和国个人信息保护法》，该法于 2021 年 11 月 1 日正式生效。该法被认为是中国最为严格的个人信息保护法规之一，为保护公民个人信息安全和推动数字经济发展提供了法律基础。

同意原则：个人信息的收集、使用需要事先得到个人的同意。

最小数据原则：组织在收集、使用个人信息时，应当合理确定收集信息的数量和范围。

通知和告知：组织需要在收集信息前向个人告知信息处理的目的、方式、范围等。

数据安全措施：组织需要采取技术措施和其他必要措施，保障个人信息的安全。

个人权利：个人有权访问、更正、删除其个人信息，并有权撤回同意。

（二）隐私保护标准

1. ISO/IEC 27701

ISO/IEC 27701 是信息安全管理体系标准 ISO/IEC 27001 的扩展，专注于个人信息管理系统（PIMS）。该标准提供了关于建立、实施、维护和不断改进 PIMS 的指南，以确保组织在处理个人信息时遵循隐私保护的最佳实践。以下是 ISO/IEC 27701 的主要特点。

风险管理：强调通过风险评估和管理来识别并降低与个人信息处理相关的风险。

隐私权保护：确保组织在收集、处理和存储个人信息时尊重个人的隐私权。

透明度：鼓励组织对其个人信息管理实践进行透明度，并提供与个人信息处理相关的信息。

数据主体权利：确保数据主体能够行使其在法律框架下的权利，包括访问、更正、删除等权利。

合规性：确保组织的个人信息管理体系符合相关的法规和法律要求。

2. NIST 隐私框架

美国国家标准与技术研究院（NIST）制定了一套隐私框架，旨在帮助组织理解和管理隐私风险，促进隐私与创新的平衡。

框架结构：包括核心、实施、管理三个组成部分，每个部分都有一系列的目标和实践。

核心：包括关键的隐私价值、风险管理、隐私保护控制的目标。

实施：提供实施隐私保护控制的详细实践。

管理：提供组织内部的隐私管理和持续改进的实践。

3. APEC 个人信息保护框架

亚太经济合作组织（APEC）个人信息保护框架是由 APEC 成员经济体共同制定的一套隐私保护原则和指南。

经济体之间的流动：支持经济体之间合理的个人信息流动，同时保障个人隐私。

经济体内的流动：鼓励经济体内个人信息的自由流动，同时确保符合隐私保护的最佳实践。

跨境隐私执法合作：提倡成员国在隐私保护方面的执法合作，促使国家间的信息共享和协作。

（三）隐私保护对企业和个人的影响

1. 企业

合规成本：随着隐私法规的不断出台，企业需要投入更多的资源来确保其数据处理活动符合法规要求。这包括合规培训、安全措施、监控等。

信任与声誉：良好的隐私保护实践可以增强客户对企业的信任，提升企业的声誉。相反，隐私事件可能导致客户流失和声誉受损。

创新和数据用途：企业在推动创新和数据应用时需要平衡隐私保护

和业务目标。合规的数据用途能够增加客户参与度，但必须在保护隐私的前提下实现。

2. 个人

隐私权利：隐私法规赋予个人更多的隐私权利，包括对其个人信息的访问和控制权。这使得个人能够更好地掌控其个人信息。

信息透明度：隐私法规要求企业提供对个人信息处理活动的透明度，使个人能够了解其信息是如何被使用的。

数据安全：隐私保护法规要求企业采取措施确保个人信息的安全性。这有助于减少数据泄露和滥用的风险。

隐私保护法规与标准在当今数字化时代扮演着至关重要的角色。通过确立隐私原则和最佳实践，这些法规和标准为保护个人隐私提供了强有力的法律框架。企业需要适应这些法规，不仅是为了避免法律责任，更是为了建立信任和维护声誉。而对于个人而言，这些法规为其提供了更多的控制权和透明度，加强了其个人信息的安全性。

在未来，随着数字经济和技术的不断发展，隐私保护法规与标准也将不断演进。同时，全球范围内的合作与协调将变得更为重要，以适应跨境数据流动和跨国企业运营的挑战。通过合规、透明和创新，我们可以实现个人隐私与数字经济的良性互动，共同构建更加安全可信的数字社会。

二、匿名化与脱敏技术

随着信息技术的迅速发展，个人数据的使用和共享变得越发普遍。然而，为了平衡数据的有效利用和个人隐私的保护，匿名化和脱敏技术应运而生。这些技术旨在确保敏感信息在被使用和共享时不暴露个体的身份，从而降低潜在的隐私风险。本书将探讨匿名化和脱敏技术的概念、原理、应用领域，以及面临的挑战。

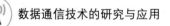

（一）匿名化技术

1. 匿名化概念

匿名化是一种通过处理数据，使得个体在数据集中难以被识别的技术。匿名化的目标是在数据分析和共享的过程中保护个体的隐私。在匿名化后的数据集中，个体的身份信息被模糊化或替代，以防止对其进行识别。

2. 匿名化方法

（1）泛化

泛化是一种将数据进行模糊化的方法，通过对数据进行一定程度的抽象，使得个体的具体信息不易被还原。例如，将年龄从具体的岁数泛化为年龄段（如 10 岁以下、10～20 岁、20～30 岁等）。

（2）降维

降维是通过减少数据集的维度来降低信息的丰富度。例如，在地理位置数据中，可以只保留城市级别而舍弃具体的地址信息。

（3）扰动

扰动是通过向数据中引入噪声来混淆原始信息。这可以是随机的噪声或经过精心设计的噪声，以防止逆向推导出原始数据。

（4）差分隐私

差分隐私是一种强化的匿名化方法,通过在数据集中引入一些噪声，确保即使知道其他个体的信息，也无法准确得知某个个体的信息。差分隐私在保护隐私的同时尽量保持数据的有效性。

3. 匿名化的应用领域

（1）医疗保健

在医疗领域，匿名化使得研究人员能够使用大规模的病人数据进行疾病研究，而不会侵犯病人的隐私。例如，匿名化可以用于分析患者的病历、研究疾病传播模式等。

（2）社交网络

社交网络中的用户数据可能包含大量敏感信息。匿名化技术允许平台分析用户行为趋势、改进推荐系统等，同时保护用户的身份和隐私。

（3）科学研究

在科学研究中，特别是涉及人体试验或调查的研究，匿名化技术可以确保研究对象的隐私得到妥善保护。研究人员可以在不泄露个体身份的情况下进行数据分析。

（二）脱敏技术

1. 脱敏概念

脱敏是通过改变或替代敏感信息的方法，以减少数据的敏感性。与匿名化不同，脱敏更关注于降低数据的敏感程度，而非隐藏个体的身份。

2. 脱敏方法

（1）替换

替换是将原始数据中的敏感信息用其他数据进行替代，以降低数据的敏感性。例如，将真实姓名替换为虚构的名字。

（2）加密

加密是使用算法将原始数据转换为密文，只有拥有解密密钥的人才能还原出原始数据。对于保护存储在数据库中的数据，加密是一种常见的脱敏手段。

（3）删除

删除是最彻底的脱敏方法之一，直接将敏感信息从数据集中删除。这确保了敏感信息不会被泄露，但也可能导致数据的完整性和有效性受损。

3. 脱敏的应用领域

（1）金融领域

在金融领域，脱敏技术可用于保护客户的财务信息。例如，在信用评分模型的开发过程中，可以使用脱敏技术处理个体的信用历史数据。

（2）人力资源管理

在人力资源管理中，脱敏技术可以用于处理员工的个人信息，以确保在培训、绩效评估等过程中不暴露员工的隐私。

（3）教育领域

学生的敏感信息在教育领域中是需要保护的对象。脱敏技术可以用于对学生的成绩、行为等信息进行处理，以保护学生隐私。

（三）匿名化与脱敏技术的挑战与问题

1. 信息损失

匿名化和脱敏技术在保护隐私的同时可能导致信息损失。过于激进的处理方法可能使得数据失去原有的关联性和准确性，影响到数据的分析和挖掘结果。

2. 重新识别风险

匿名化并不能绝对保证个体身份的不可识别。在某些情况下，通过多个数据集的结合，以及使用外部信息，仍然可能对匿名化后的数据进行重新识别。

3. 差分隐私的计算代价

差分隐私的引入通常需要在数据中引入噪声，这可能导致在数据分析和挖掘中的计算代价增加。对于大规模数据集和实时数据处理，这可能会成为一个挑战。

4. 数据共享困难

在一些情况下，经过匿名化或脱敏处理的数据可能不再适合广泛的数据共享，因为处理后的数据可能失去了一些关键特征，限制了数据的用途。

5. 法规与标准的不断演变

随着隐私法规和标准的不断演变，企业需要不断更新其匿名化和脱敏策略以确保合规性。这也增加了企业的管理成本。

（四）未来发展趋势

1. 强化差分隐私技术

随着对隐私保护要求的不断提高，差分隐私技术有望得到更广泛的应用。该技术的进一步研究和改进将使其更加成熟和实用。

2. 面向特定场景的定制化处理

未来的发展趋势可能包括更为灵活和智能的匿名化与脱敏处理方法，可以根据不同场景的需求进行定制，以平衡隐私保护和数据有效性。

3. 整合区块链技术

区块链技术的出现为匿名化和脱敏提供了新的可能性。通过在区块链上存储和管理匿名化的数据，可以提高数据的透明度和可追溯性。

4. 加强数据治理和合规性

企业将更加注重建立健全的数据治理框架，确保匿名化和脱敏技术的合规性。这可能包括内部培训、审计机制的建立以及全球隐私法规的紧密遵守。

匿名化与脱敏技术作为关键的隐私保护手段，在信息时代发挥着重要的作用。这些技术通过降低敏感信息的识别风险，既满足了数据的有效利用，又充分尊重了个体的隐私权。然而，面临的挑战也不可忽视，需要不断的技术创新和法规配套，以确保在保护隐私的同时不影响数据的有效性。未来，随着技术的不断发展和隐私法规的进一步完善，匿名化与脱敏技术将在更广泛的领域中发挥更为重要的作用，推动数据驱动的社会的可持续发展。

第四节　新兴安全技术

一、区块链技术在数据通信中的应用

数据通信是现代社会中不可或缺的一部分，随着科技的不断进步，对数据通信的需求也在不断增加。然而，传统的数据通信方式存在着一些问题，包括安全性、透明度和可信度等方面的挑战。区块链技术的出现为解决这些问题提供了一种新的思路。本书将探讨区块链技术在数据通信中的应用，重点关注其在安全性、去中心化、透明度和可追溯性方面的作用。

（一）区块链技术简介

区块链是一种去中心化的分布式账本技术，通过将数据以区块的形式链接在一起，形成不可篡改的链条。每个区块包含了前一个区块的信息和一个时间戳，同时经过加密算法的处理，确保数据的安全性和一致性。区块链的主要特点包括去中心化、不可篡改、透明度和智能合约等。

（二）区块链在数据通信中的安全性应用

1. 数据加密与隐私保护

区块链技术通过强大的加密算法确保了数据的安全性。在数据通信中，通过将数据存储在区块链上，可以避免传统中心化存储方式下的单点故障和数据泄露风险。此外，智能合约的引入也使得数据的访问和使用可以进行更为精细的控制，提高了隐私保护水平。

2. 去中心化的身份验证

传统的身份验证通常依赖于中心化的身份验证机构，而这些机构容易受到攻击和欺诈。区块链通过去中心化的身份验证方式，使得用户可以通过分布式的方式验证其身份，提高了身份验证的安全性。这对于数据通信中的身份验证和授权过程具有重要意义，尤其是在涉及多方参与的场景中。

（三）区块链在数据通信中的去中心化应用

1. 去中心化的网络架构

传统的数据通信网络通常依赖于中心化的服务器和数据中心，这使得网络容易受到攻击和单点故障的影响。通过采用区块链技术，数据通信网络可以实现去中心化，使得数据存储和传输更为安全可靠。去中心化的网络架构还可以提高网络的稳定性和抗攻击能力，为数据通信提供更为可靠的基础设施。

2. 分布式存储和共享

区块链技术可以实现分布式存储，将数据存储在网络中的多个节点上，而不是集中存储在单一的服务器上。这种分布式存储方式不仅提高了数据的可用性，还增加了数据的安全性。同时，区块链还可以实现数据的去中心化共享，使得参与者可以方便地共享和获取数据，从而加速数据通信的效率。

（四）区块链在数据通信中的透明度和可追溯性应用

1. 交易透明度

区块链的交易透明度是其最显著的特点之一。在数据通信中，通过将通信记录存储在区块链上，可以实现通信过程的完全透明。这对于监管、审计和防止欺诈行为都具有积极的意义。参与者可以查看和验证每一笔通信的记录，从而建立信任和提高通信的可靠性。

2. 数据可追溯性

区块链技术使得数据的变更和操作都能够被追溯。在数据通信中，这意味着可以追踪到数据的来源、传输路径和修改历史。这对于追溯通信过程中的错误、问题和安全事件都具有重要的作用。可追溯性使得参与者能够更加准确地了解数据的历史和真实性，提高了通信数据的可信度。

（五）挑战与展望

1. 挑战

尽管区块链技术在数据通信中具有巨大的潜力，但也面临一些挑战。区块链的性能问题，包括交易速度和存储成本，仍然需要进一步解决。标准化和合规性问题也需要得到更好的解决，以便更广泛地应用于数据通信领域。教育和培训对于推动区块链技术的应用也至关重要，因为许多人对于这一新兴技术的理解仍然有限。

2. 展望

随着区块链技术的不断发展，人们对其在数据通信中的应用前景充满期待。未来，我们可以预见到更多基于区块链的去中心化通信网络的出现，提供更安全、透明和可信赖的数据通信服务。同时，随着技术的成熟，区块链在数据通信中的应用还将不断演进，可能涌现出更多创新性的解决方案。

（六）实际应用案例

1. 区块链在物联网通信中的应用

物联网是数据通信领域的重要组成部分，而区块链技术可以为物联网提供更加安全和可信赖的通信基础。通过区块链，设备之间的通信可以去中心化，避免了单一故障点的风险。智能合约的引入也使得设备之间的交互可以更加自动化和可编程化。

2. 区块链在电信行业的应用

在电信领域，区块链可以用于改进移动通信网络的管理和维护。通过建立去中心化的网络，可以提高通信网络的稳定性和抗攻击性。此外，区块链还能够简化电信运营商之间的结算过程，提高整个行业的效率。

3. 区块链在数字身份认证中的应用

数字身份认证是数据通信中的一个关键问题，尤其是在在线交易和信息共享方面。区块链可以提供去中心化的身份验证，将用户的身份信息存储在安全的区块链上，并通过智能合约实现更加精确的身份验证和授权。

总体而言，区块链技术在数据通信中的应用具有重要的意义。通过提供更安全、透明、去中心化和可追溯的通信环境，区块链为解决传统通信方式中存在的问题提供了全新的解决方案。然而，随着技术的不断发展，仍然需要克服一些挑战，包括性能、标准化和合规性等方面的问题。未来，随着区块链技术的不断成熟和推广，我们可以期待在数据通信领域看到更多创新和进步。这将为我们的数字社会带来更安全、高效和可信赖的通信体验。

二、生物特征识别与数据通信

随着科技的飞速发展，生物特征识别技术逐渐成为了安全领域的一项关键技术。同时，在数据通信领域，保障数据的安全性和用户身份的真实性也变得日益重要。本书将探讨生物特征识别技术与数据通信的融合，以及这种融合如何在安全性、便利性、隐私保护等方面发挥作用。

（一）生物特征识别技术的基本原理

1. 指纹识别

指纹识别是一种常见的生物特征识别技术，通过扫描和分析个体的指纹图案来验证身份。每个人的指纹图案是独一无二的，这使得指纹识别成为一种高度可靠的身份验证手段。

2. 面部识别

面部识别技术通过分析面部的几何特征和生物特征，如眼睛、鼻子、嘴巴等，来识别和验证个体身份。近年来，面部识别技术得到了广泛应用，尤其是在移动设备解锁和人脸支付等方面。

3. 虹膜识别

虹膜识别是一种通过分析眼睛虹膜的纹理来验证个体身份的技术。虹膜具有高度独特性，因此虹膜识别技术在高安全性场景中得到了应用，如金融领域和政府机构。

（二）生物特征识别技术在数据通信中的应用

1. 生物特征身份验证

生物特征识别技术可以用于替代传统的密码和 PIN 码，实现更为安全的身份验证。在数据通信中，用户可以通过指纹、面部或虹膜等生物特征来解锁设备、登录应用或进行支付，从而降低了密码被盗取或猜测的风险。

2. 生物特征加密

将生物特征与加密技术结合，可以实现更高级别的数据安全。例如，用户的生物特征可以用于生成加密密钥，这样即使是拥有加密文本的攻击者，如果没有正确的生物特征验证，也无法解密数据。

3. 生物特征通信控制

在某些场景下,生物特征识别技术还可以用于控制数据通信的权限。例如,通过面部识别来限制对敏感信息的访问,确保只有授权用户才能够获取特定级别的数据。

(三)优势与挑战

1. 优势

高度安全性:生物特征是每个人独一无二的,因此使用生物特征进行身份验证可以提供更高水平的安全性,相对于传统的密码方式更难被冒用。

便利性:生物特征识别无须记忆密码或携带身份证等物理介质,提供了更加便利的身份验证方式,特别是在移动设备和无人机等场景下。

隐私保护:生物特征通常是与个体身份紧密关联的,因此在生物特征识别中,用户的隐私相对更容易得到保护。

2. 挑战

生物特征数据库风险:生物特征数据的存储和管理可能面临风险,一旦被攻破,会对用户的隐私产生严重影响。

技术误识率:生物特征识别技术在实际应用中仍然存在一定的误识率,尤其在复杂环境下,如光照不足或者姿势变化较大的情况。

法律与伦理问题:使用生物特征数据涉及到一系列法律和伦理问题,包括数据隐私、担保责任,以及生物信息的合法使用等。

(四)实际应用案例

1. 移动设备解锁

在智能手机和平板电脑等移动设备上,生物特征识别技术被广泛用于解锁。用户可以使用指纹、面部或虹膜来快速而安全地解锁设备，替代了传统的密码方式。

2. 金融领域身份验证

在金融领域，生物特征识别技术用于用户身份验证和支付授权。用户在进行网上银行或移动支付时，可以使用生物特征来确认身份，增加了支付的安全性。

3. 政府身份识别

一些国家已经在政府领域开始使用生物特征识别技术进行身份识别。例如，机场和边境控制点可以使用面部或虹膜识别来确保只有合法身份的人员能够通过。

4. 企业网络安全

在企业环境中，生物特征识别技术可以用于加强网络安全。员工可以使用生物特征登录公司的计算机系统，提高访问权限的安全性，防止未经授权的访问。

5. 医疗保健领域

在医疗保健领域，生物特征识别技术被用于患者身份验证和医疗记录的访问。这可以确保医疗数据的安全性，同时方便医护人员快速准确地确认患者身份。

（五）未来展望

1. 多模态融合

未来的生物特征识别系统可能会采用多模态融合的方式，结合指纹、面部、虹膜等多种生物特征信息，提高识别的准确性和鲁棒性。多模态融合还可以提高系统的抗攻击能力，因为攻击者很难模仿多个生物特征。

2. 边缘计算与生物特征识别

随着边缘计算技术的发展，未来的生物特征识别系统可能更加注重在本地进行生物特征数据的处理，减少对中心服务器的依赖。这有助于提高实时性和降低延迟，同时减轻了对网络带宽的需求。

3. 生物特征识别与区块链结合

结合生物特征识别技术和区块链可以进一步提高身份验证的安全性和可信度。区块链可以用于安全地存储和管理生物特征数据，确保数据的不可篡改性，同时为用户提供更多控制自己生物特征数据的权利。

生物特征识别技术与数据通信的融合为安全性和便捷性提供了全新的解决方案。通过使用个体独特的生物特征进行身份验证，可以降低被盗用身份的风险，提高系统的安全性。然而，在推广和应用这一融合技术的过程中，仍然需要解决一系列挑战，包括技术误识率、生物特征数据库的安全性，以及法律与伦理问题等。未来，随着技术的不断进步，我们可以期待生物特征识别与数据通信的融合在更广泛的领域发挥作用，为用户提供更安全、便捷的数字体验。

三、AI 在安全领域的创新

随着人工智能（AI）技术的快速发展，其在安全领域的应用逐渐成为保障个人、组织和国家安全的关键因素。AI 不仅为安全领域引入了新的防御手段，还在侦测、响应和预测安全威胁方面取得了显著进展。本书将探讨 AI 在安全领域的创新，涵盖网络安全、物理安全、社交安全等方面。

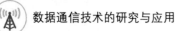

（一）网络安全中的 AI 创新

1. 威胁检测与防御

AI 在网络安全中的应用主要体现在威胁检测和防御方面。传统的防火墙和病毒扫描技术往往难以应对日益复杂和变异的网络攻击。AI 通过机器学习算法，能够分析大量的网络流量数据，识别异常模式，及时发现潜在的威胁。而且，AI 还能够实时学习和适应新型威胁，提高网络安全的防御水平。

2. 智能安全分析

AI 在网络安全分析中的另一个创新点是智能安全分析。通过整合大数据技术，AI 可以对庞大的日志和事件数据进行快速分析，从而及时发现异常行为和潜在威胁。智能安全分析还能够帮助安全团队更好地理解网络威胁的模式和趋势，提高应对安全事件的效率。

（二）物理安全中的 AI 创新

1. 视频监控与分析

在物理安全领域，视频监控一直是一项重要的手段。AI 的视觉识别技术通过深度学习，使得监控系统不仅能够实时监测场景，还能够识别人脸、车牌等信息。这不仅提高了监控系统的实时性，还使得安全人员能够更快速地定位潜在的风险。

2. 人体行为分析

AI 在物理安全中的创新还包括人体行为分析。通过对监控视频进行深度学习，AI 可以识别出不寻常的行为，如奔跑、尖叫等，从而及时报警。这在公共场所、交通枢纽等地方有助于提高对突发事件的应对速度。

（三）社交安全中的 AI 创新

1. 社交媒体监测

社交媒体已经成为信息传播和互动的重要平台，然而，也给安全领域带来了新的挑战。AI 在社交安全中的创新主要表现在对社交媒体的监测。通过自然语言处理和情感分析技术，AI 能够实时监测社交媒体上的言论，识别出潜在的威胁或恶意行为，帮助执法机构和安全团队更好地了解社交媒体上的风险。

2. 虚假信息检测

随着虚假信息在社交媒体上的传播日益猖獗，AI 的创新应用还体现在虚假信息的检测和识别。机器学习算法可以分析大量的信息，识别出虚假信息的模式，从而提高对虚假信息的识别准确性。这对于防范虚假信息对社会稳定和公共安全带来的潜在威胁至关重要。

（四）AI 在安全领域面临的挑战

1. 隐私问题

AI 在安全领域的广泛应用引发了一系列隐私问题。例如，人脸识别技术可能侵犯个体的隐私权，社交媒体监测可能涉及到用户的个人信息。如何在确保安全的前提下保护个体隐私成为一个亟待解决的问题。

2. 对抗性攻击

恶意攻击者可能会采用对抗性技术来规避 AI 的检测。在网络安全中，攻击者可能通过精心设计的攻击模式来躲避 AI 的威胁检测系统，这使得安全领域需要不断升级和改进 AI 算法以抵御对抗性攻击。

3. 数据可解释性

在一些关键领域，如司法和社会安全，对 AI 决策的可解释性要求越来越高。目前，一些深度学习算法的决策过程相对黑盒，这使得解释 AI 的判断变得困难，可能导致公众对 AI 的不信任。

（五）未来展望

1. 强化对抗性能力

未来，AI 在安全领域的创新将主要集中在提高对抗性能力上。通过引入更为先进的深度学习和神经网络架构，以及使用对抗性训练等技术，可以增强 AI 系统对抗性攻击的能力。这将有助于提高网络安全、物理安全和社交安全的整体防御水平。

2. 强调伦理和隐私保护

未来的发展中，对于 AI 在安全领域的应用需要更加强调伦理和隐私保护。制定明确的伦理准则和法规，确保 AI 的使用符合道德和法律标准，同时采取技术手段确保用户隐私的安全。

3. 多模态融合

随着技术的进步，未来的安全系统可能会更多地采用多模态融合的方式。不仅整合视觉、语音、文本等多种数据源，还将结合网络、物理和社交等多个方面的信息，实现更全面、全方位的安全防御和监测。

4. 自适应学习和智能决策

AI 在未来的应用中可能更加注重自适应学习和智能决策的能力。通过在实际应用场景中的不断学习和优化，AI 系统可以更好地适应新的威胁和攻击模式。智能决策的引入也能够使得 AI 系统更具自主性，更迅速地应对不同的安全挑战。

　　AI 在安全领域的创新为我们提供了更加智能、高效、全面的安全解决方案。从网络安全到物理安全，再到社交安全，AI 的应用正在不断推动整个安全行业向前发展。然而，随着这一趋势的发展，我们也面临着一系列的挑战，如隐私问题、对抗性攻击和数据可解释性等。未来的发展需要在技术创新的同时，注重伦理、法规和隐私等方面的平衡，以确保 AI 在安全领域的应用更好地服务于社会的整体利益。通过不断努力，可以期待在未来看到更为先进、可信赖的 AI 安全系统，为我们的数字社会提供更全面的安全保障。

第六章

大数据与数据通信

第一节　大数据基础

一、大数据概念与特征

在当今信息时代，我们面对着海量的数据，这些数据来源于各个方面，包括社交媒体、传感器、在线交易等。这种数据的规模之大、种类之多，传统的数据处理和管理方法已经无法满足需求。因此，大数据成为了一个热门的话题，涉及数据的获取、存储、处理、分析等方方面面。本书将探讨大数据的概念和其特征，以便更好地理解这一正在快速发展的领域。

（一）大数据的概念

1. 定义

大数据是指规模巨大、种类繁多的数据集合，这些数据无法通过传统的数据处理工具进行捕捉、存储、管理和分析。大数据通常以"3V"来描述，即数据量大、数据处理速度快、数据多样化。

2. 3V 特征

数据量大（Volume）：大数据的一个显著特征就是数据量非常大，

远远超出了传统数据库处理的能力。这包括来自各个领域的海量数据，如社交媒体上的用户生成数据、传感器产生的实时数据等。

数据处理速度快（Velocity）：大数据处理要求以迅猛的速度进行，尤其是对于需要实时决策的场景。例如，在金融领域，需要对市场波动实时做出反应。

数据多样化（Variety）：大数据不仅仅包括结构化数据（如关系型数据库中的表格数据），还包括非结构化数据（如文本、图像、音频、视频等）。这些多样化的数据类型使得大数据更具丰富的信息价值。

3. 其他特征

数据的准确性：大数据中可能包含一些不准确、不一致的数据。确保大数据的准确性是一个挑战，但也是关键的，尤其在做出重要决策的时候。

数据的价值：大数据的最终目标是从这些数据中提取价值。这可能包括发现趋势、进行预测分析、优化流程等，最终为组织创造价值。

（二）大数据的特征

1. 高度可扩展性

大数据处理系统需要具备高度的可扩展性，以适应日益增长的数据规模。这意味着系统能够在需要时轻松地进行横向扩展，添加更多的硬件资源以处理更多的数据。

2. 并行处理

为了应对大规模数据的处理需求，大数据系统采用并行处理的方法。这意味着数据可以分割成多个部分，同时由多个处理单元处理，以提高整体处理效率。

3. 分布式存储

大数据通常存储在分布式文件系统中，如 HDFS。它允许数据存储在多个节点上，提高了数据的可靠性和容错性。

4. 数据的多样性

大数据不仅包括结构化数据，还包括半结构化和非结构化数据。这包括文本、图像、音频、视频等多种数据类型。因此，大数据处理系统需要具备处理多样化数据的能力。

5. 实时处理

随着业务需求的不断增加，对于数据的实时处理变得越来越重要。大数据系统需要能够在数据生成的同时进行实时处理，以满足对实时性的需求，如金融交易、网络监控等。

6. 数据质量与隐私保护

确保大数据的质量和保护用户隐私是关键问题。数据质量问题可能导致分析结果的不准确性，而隐私问题可能涉及敏感信息的泄露。因此，大数据系统需要实施有效的数据质量控制和隐私保护措施。

（三）大数据的应用领域

1. 商业智能与决策支持

大数据分析可以帮助企业更好地了解市场趋势、消费者行为等，为决策制定提供更精准的信息。通过对大量数据的分析，企业可以做出更明智的商业决策，优化运营流程，提高效益。

2. 金融领域

金融领域是大数据应用的重要领域之一。大数据分析可以用于风险管理、欺诈检测、交易分析等方面。实时分析海量的金融交易数据有助于及时发现异常交易，预测市场走势，提高金融机构的竞争力和风险控制能力。

3. 医疗健康

在医疗健康领域，大数据有助于个性化医疗、药物研发、疾病预测等。通过分析患者的基因数据、生理参数等信息，医疗机构可以为患者提供更加精准的诊断和治疗方案。

4. 物联网

随着物联网设备的普及，大量的传感器数据被产生。大数据技术可以处理这些数据，实现对物联网设备的监测、管理和优化。这对于智能城市、智能交通、工业自动化等领域具有重要意义。

5. 零售与电商

零售和电商行业利用大数据分析改善供应链管理、优化库存、个性化推荐等方面。通过分析消费者的购物行为和偏好，企业可以更好地满足市场需求，提高销售效益。

（四）大数据的挑战与问题

1. 隐私问题

大数据中可能包含大量敏感信息，如个人健康数据、财务信息等。隐私问题成为大数据应用中的一大挑战，需要在数据采集、存储、处理的全过程都要保护用户的隐私。

2. 数据安全

大数据的存储和传输涉及大量的数据，因此数据安全问题尤为重要。数据泄露、数据篡改等安全问题可能带来严重的后果。因此，需要采取有效的安全措施，包括数据加密、身份认证等。

3. 技术挑战

大数据的处理需要高度复杂的技术支持，包括分布式计算、机器学习、深度学习等。这对于技术人才提出了更高的要求，也需要不断的技术创新来解决实际问题。

4. 数据质量

由于大数据的来源多样，数据的质量和一致性可能存在问题。在分析过程中，如果没有高质量的数据作为基础，就很难得到准确的。因此，数据质量问题是大数据应用中需要解决的一个重要问题。

（五）未来发展趋势

1. 边缘计算与大数据融合

随着边缘计算技术的兴起，未来大数据可能更加注重在边缘进行处理，减轻中心服务器的负担，降低数据传输的延迟，提高实时性。

2. 人工智能与大数据深度融合

人工智能和大数据是相辅相成的领域，未来的发展趋势将更加强调两者的深度融合。人工智能算法将更加智能化地应用于大数据分析中，提高数据挖掘的效率和准确性。

3. 异构数据融合

未来大数据的发展将更加注重异构数据的融合。不同种类、不同来源的数据将会更加无缝地整合在一起，为更全面的分析提供更多可能性。

大数据作为信息时代的产物，对于社会、企业和科学研究都产生了深远的影响。通过对海量、多样化数据的处理和分析，大数据为我们提供了更深层次的认识和洞察。然而，同时也面临着隐私、安全、技术等方面的挑战。未来，随着技术的不断发展，大数据领域将继续创新，更好地服务于社会的各个领域。通过克服挑战，大数据将为我们带来更多的机遇和改变。

二、大数据存储与处理

在当今数字时代，大数据已经成为各行各业的关键资源。然而，对于海量、多样化的数据进行高效存储和处理是一个庞大的挑战。大数据存储与处理技术的发展对于实现对数据的快速访问、高效分析和智能决策至关重要。本书将探讨大数据存储与处理的关键概念、技术及其应用。

（一）大数据存储

1. 存储需求的增长

大数据存储是指对于海量数据的有效管理和保存。数据的产生速度迅猛，传统的数据存储架构已经无法满足这一需求。存储需求的增长主要来自于以下几个方面。

数据爆炸：用户在社交媒体、移动设备等上产生大量数据，导致数据量快速增加。

物联网设备：大量的传感器和物联网设备产生实时数据，需要高效存储和管理。

业务应用：企业应用、在线交易等产生大量结构化和非结构化数据。

2. 存储技术

大数据存储技术包括多种方法和工具，以应对不同类型的数据和需求。以下是一些常见的大数据存储技术。

分布式文件系统：例如 Hadoop Distributed File System（HDFS），这种系统能够将数据分散存储在多个节点上，提高了存储的容错性和可靠性。

NoSQL 数据库：针对非结构化和半结构化数据，NoSQL 数据库（如MongoDB、Cassandra）提供了更灵活的数据存储和查询方式。

列式数据库：与传统的行式数据库不同，列式数据库（如 HBase）更适用于需要快速读取和分析大量数据的场景。

云存储：云存储服务（如 Amazon S3、Google Cloud Storage）提供了可扩展、灵活的存储解决方案，用户可以根据需要动态调整存储容量。

3. 数据分区和分片

为了更好地处理大数据，存储系统通常会采用数据分区和分片的策略。数据分区将数据分割成较小的块，每个块称为一个分区，这使得系统可以并行地处理多个分区，提高了处理效率。数据分片是在物理上将数据划分成多个片段，每个片段存储在不同的节点上，从而实现分布式存储。

（二）大数据处理

1. 处理需求的挑战

大数据处理是指对庞大、多样化的数据进行分析、查询和挖掘。由于大数据的特点，传统的数据处理方法已经无法胜任。以下是大数据处理面临的挑战。

计算能力：大数据通常需要在短时间内进行大规模的计算，需要强大的计算能力来应对复杂的算法和模型。

实时性要求：部分应用场景要求对数据进行实时处理，即时得到分析结果，这对处理引擎提出了更高的要求。

多样性的数据：大数据包括结构化、半结构化和非结构化的数据，需要处理引擎具备处理不同类型数据的能力。

2. 处理技术

大数据处理技术主要包括以下几种。

MapReduce：由 Google 提出的 MapReduce 是一种分布式计算模型，适用于大规模数据的并行处理。Hadoop 是一个开源实现 MapReduce 的框架。

Spark：Apache Spark 是一个基于内存的分布式计算框架，相较于 MapReduce，它更适合迭代计算和复杂的数据流处理。

Flink：Apache Flink 是另一个流处理框架，支持事件时间处理、状态管理等特性，适用于实时数据处理。

Storm：Apache Storm 是一种实时数据处理框架，适用于对数据流进行低延迟处理的场景。

3. 数据挖掘和机器学习

在大数据处理中，数据挖掘和机器学习技术被广泛应用。这些技术可以通过分析大量的数据，挖掘数据中的模式、趋势，甚至进行预测。常见的机器学习算法包括决策树、支持向量机、神经网络等，它们能够处理大规模的数据集，为业务决策提供支持。

（三）大数据存储与处理的应用

1. 企业智能分析

大数据存储与处理在企业智能分析中发挥着关键作用。企业可以通过分析大量的内外部数据，了解市场趋势、消费者行为，进行精细化的营销策略制定和业务决策。

2. 金融风险管理

在金融领域，大数据存储与处理被广泛应用于风险管理。通过实时分析大量的交易数据，系统能够快速识别潜在的风险，帮助金融机构制定有效的风险控制策略。大数据技术可以对市场波动、交易模式等进行深入挖掘，提高金融决策的准确性和效率。

3. 医疗健康

在医疗健康领域，大数据存储与处理为个性化医疗、疾病预测和药物研发提供了强大的支持。通过分析患者的基因数据、生理参数等，医疗机构能够制定更为精准的诊断和治疗方案，推动医学研究的进展。

4. 物联网

大数据存储与处理是物联网发展的基础。物联网设备产生的海量数据需要被高效地收集、存储和分析。这些数据可以用于智能城市管理、智能交通系统、工业自动化等领域，提升整体的运行效率和生活质量。

5. 零售与电商

在零售和电商领域，大数据存储与处理被广泛应用于供应链管理、库存优化、个性化推荐等方面。通过对用户行为和购物习惯的深入分析，企业可以更好地满足市场需求，提高销售效益。

（四）大数据存储与处理的未来趋势

1. 边缘计算与大数据融合

随着边缘计算技术的不断发展，未来大数据存储与处理将更加注重在边缘进行。将计算能力推向数据源附近，减轻中心服务器的负担，降低数据传输的延迟，提高实时性。

2. 异构数据融合

未来大数据的发展将更加注重异构数据的融合。不同类型、不同来源的数据将会更加无缝地整合在一起，为更全面的分析提供更多可能性。

3. 深度学习的崛起

随着深度学习技术的崛起，未来大数据处理将更加注重人工智能与大数据的深度融合。深度学习模型对于处理非结构化数据、图像、语音等方面有着显著优势，将为大数据分析提供更为智能的解决方案。

4. 自动化与自适应性

未来大数据存储与处理的方向将更加趋向自动化和自适应性。自动化技术可以减轻人工操作的负担，提高系统的效率。自适应性则使得系统能够更好地适应不同规模、不同特点的数据处理需求。

（五）挑战与解决方案

1. 数据隐私与安全

随着大数据的应用范围不断扩大，数据隐私和安全成为一个日益严峻的问题。保护用户隐私，确保数据的安全性，需要采取有效的数据加密、身份认证、权限管理等手段。

2. 复杂性与技术人才

大数据存储与处理系统通常比传统系统更加复杂，需要专业的技术人才进行设计、部署和维护。因此，缺乏相关技术人才是一个亟待解决的问题。

3. 数据质量

数据质量问题可能导致分析结果的不准确性。在大数据处理中，确保数据的质量和一致性是一个重要的挑战。需要制定有效的数据清洗和验证策略。

4. 成本与资源

部署和维护大数据存储与处理系统需要大量的硬件资源和成本。企业需要在成本和性能之间寻找平衡，选择合适的存储与处理解决方案。

大数据存储与处理是数字时代信息技术发展的重要方向，对于推动社会、企业和科学研究的发展起到了至关重要的作用。通过高效地存储和处理海量数据，我们能够获得更深层次的信息洞察，从而做出更明智的决策。然而，随着技术的不断发展，我们也面临着一系列的挑战，如数据隐私、复杂性、数据质量等。未来，通过不断的技术创新、人才培养和解决方案的提升，大数据存储与处理将更好地服务于社会的各个领域，为我们创造更多的机会和发展空间。

三、大数据分析与挖掘

在数字时代，大数据不仅仅是数量庞大的数据集合，更是蕴藏着巨大商业潜力和科学价值的信息宝库。大数据分析与挖掘作为从海量数据中提取信息、模式和知识的关键手段，已经成为推动创新和智能决策的重要工具。本书将探讨大数据分析与挖掘的概念、技术、应用以及未来发展趋势。

（一）大数据分析与挖掘的概念

1. 定义

大数据分析是指通过对大规模数据集进行系统性的分析，以揭示隐藏在其中的模式、关联、趋势和其他有价值的信息。大数据挖掘则是从大数据中自动或半自动地发现并提取先前未知的、潜在有用的信息。

2. 关键特征

大数据分析与挖掘的关键特征如下。

规模庞大：数据集规模远超过传统数据库的处理能力，可能涉及亿级，甚至更多的数据。

多样化：数据类型多样，包括结构化数据（如关系数据库中的表格数据）和非结构化数据（如文本、图像、音频、视频等）。

实时性：有些场景要求对数据进行实时分析，及时获取信息并做出决策。

复杂性：数据之间可能存在复杂的关系，挖掘这些关系需要更加复杂的算法和模型。

（二）大数据分析与挖掘的技术

1. 数据预处理

大数据分析与挖掘开始于对原始数据的预处理。这一阶段包括数据清洗、去重、缺失值填充等操作，以确保数据的质量和一致性。

2. 探索性数据分析（EDA）

探索性数据分析是对数据的初步探索，通过可视化和描述性统计等手段，揭示数据的分布、趋势、异常值等特征，为后续分析提供基础。

3. 数据挖掘算法

数据挖掘算法是大数据分析与挖掘的核心。常见的数据挖掘算法如下。

关联规则挖掘：用于发现数据集中的关联性，例如，购物篮分析中发现商品之间的关联规则。

分类算法：用于将数据划分到不同的类别，如决策树、支持向量机、神经网络等。

聚类算法：用于将数据划分为不同的群组，如 K 均值聚类、层次聚类等。

回归分析：用于建立变量之间的关系模型，预测一个变量的取值。

异常检测：用于识别与预期模式不符的数据点，帮助发现潜在问题。

4. 机器学习与深度学习

机器学习和深度学习是大数据分析与挖掘中强大的工具。它们通过训练模型从数据中学习并做出预测，适用于各种应用场景。深度学习特别适用于处理非结构化数据，如图像、语音和文本。

5. 实时处理技术

对于需要实时决策的场景，实时处理技术是不可或缺的。流处理技术（如 Apache Flink、Apache Storm）能够对实时数据进行高效处理，用于实时监控、推荐系统等应用。

（三）大数据分析与挖掘的应用

1. 商业智能与决策支持

商业智能是大数据分析与挖掘的一个主要应用领域。企业通过分析市场趋势、消费者行为等大数据，制定精准的营销策略、优化供应链，提高业务决策的准确性。

2. 金融风险管理

金融领域利用大数据分析与挖掘技术进行风险管理。通过实时分析交易数据、市场走势，系统可以快速识别潜在风险，帮助金融机构制定有效的风险控制策略。

3. 医疗健康

在医疗健康领域，大数据分析与挖掘可以用于个性化医疗、疾病预测和药物研发。通过分析患者的基因数据、生理参数等，医疗机构能够制定更为精准的诊断和治疗方案。

4. 物联网

物联网设备产生的海量数据需要通过大数据分析与挖掘进行高效处理。这些数据可以用于智能城市管理、智能交通系统、工业自动化等领域，提升整体的运行效率。

5. 社交媒体分析

社交媒体是产生大量数据的重要来源。通过社交媒体分析，企业可以了解用户的喜好、情感倾向，改善产品和服务，推动社交媒体营销和用户关系管理。

6. 零售与电商

在零售和电商领域，大数据分析与挖掘被广泛应用于供应链管理、库存优化、个性化推荐等方面。通过对消费者购物行为和偏好的深入分析，企业可以更好地满足市场需求，提高销售效益。

（四）大数据分析与挖掘的未来趋势

1. 自动化与自适应性

未来，大数据分析与挖掘将更加趋向自动化和自适应性。自动化技术可以减轻人工操作的负担，提高系统的效率。自适应性则使得系统能够更好地适应不同规模、不同特点的数据处理需求。

2. 异构数据融合

未来大数据的发展将更加注重异构数据的融合。不同类型、不同来源的数据将会更加无缝地整合在一起，为更全面的分析提供更多可能性。

3. 深度学习的崛起

随着深度学习技术的崛起，未来大数据分析与挖掘将更加注重人工智能与大数据的深度融合。深度学习模型对于处理非结构化数据、图像、语音等方面有着显著优势，将为大数据分析提供更为智能的解决方案。

4. 边缘计算与大数据融合

随着边缘计算技术的不断发展，未来大数据分析与挖掘将更加注重在边缘进行。将计算能力推向数据源附近，减轻中心服务器的负担，降低数据传输的延迟，提高实时性。

（五）挑战与解决方案

1. 数据隐私与安全

随着大数据应用的不断扩大，数据隐私和安全成为一个日益严峻的问题。保护用户隐私，确保数据的安全性，需要采取有效的数据加密、身份认证、权限管理等手段。

2. 复杂性与技术人才

大数据分析与挖掘系统通常比传统系统更加复杂，需要专业的技术人才进行设计、部署和维护。因此，缺乏相关技术人才是一个亟待解决的问题。

3. 数据质量

数据质量问题可能导致分析结果的不准确性。在大数据分析与挖掘中，确保数据的质量和一致性是一个重要的挑战。需要制定有效的数据清洗和验证策略。

4. 成本与资源

部署和维护大数据分析与挖掘系统需要大量的硬件资源和成本。企业需要在成本和性能之间寻找平衡，选择合适的技术和架构。

大数据分析与挖掘作为信息时代的关键技术，已经深刻地改变了我们对数据的理解和利用方式。通过对海量数据的分析和挖掘，我们能够发现隐藏在其中的规律、趋势和价值，为企业、科研、社会决策提供有力支持。然而，随着技术的不断发展，我们也面临着一系列的挑战，如数据隐私、复杂性、数据质量等。未来，通过不断的技术创新、人才培养和解决方案的提升，大数据分析与挖掘将更好地服务于社会的各个领域，为我们创造更多的机会和发展空间。

第二节　数据通信在大数据环境中的应用

一、大数据通信架构设计

大数据通信架构设计是在应对大规模、高速度的数据传输和处理需求的背景下产生的一项重要任务。随着数字化时代的来临，大数据在各个领域都得到了广泛应用，从而对通信系统提出了更高的要求。本书将探讨大数据通信架构设计的概念、关键组成部分、技术挑战，以及未来趋势。

（一）大数据通信架构设计概述

1. 定义

大数据通信架构设计是指在大数据环境下，构建合理、高效、可扩展的通信系统框架的过程。该架构需要满足数据传输、存储、处理和分析的需求，确保系统能够应对庞大的数据流、高速的数据处理和实时的数据交互。

2. 关键目标

大数据通信架构设计的关键目标如下。

高吞吐量：能够支持大规模数据的高效传输和处理，确保系统具有较高的吞吐量。

低延迟：对于需要实时处理的场景，通信系统应该具备低延迟的特性，确保数据能够迅速被接收和处理。

可扩展性：随着数据量的增加，通信系统应该能够方便地进行水平和垂直的扩展，以适应不断增长的需求。

安全性：大数据通信涉及海量敏感信息，安全性是不可忽视的关键要素，需要采用合适的加密、身份验证和访问控制措施。

（二）大数据通信架构的关键组成部分

1. 数据传输层

数据传输是大数据通信的基础。在大数据通信架构中，数据传输层需要具备以下特点。

高带宽：支持大规模数据的快速传输，确保数据在网络中的高效流动。

可靠性：采用可靠的传输协议，确保数据能够准确、完整地传输到目的地。

多通道：利用多通道传输，提高数据传输的并行度，加快传输速度。

2. 数据存储层

大数据通信涉及海量数据的存储和管理。数据存储层需要具备以下特点。

分布式存储：采用分布式存储系统，将数据分散存储在多个节点上，提高系统的可扩展性和容错性。

高可用性：保障数据存储的高可用性，通过备份、冗余等手段确保数据不会因节点故障而丢失。

快速检索：采用合适的索引和检索技术，以提高对大规模数据的快速检索和查询效率。

3. 数据处理层

数据处理是大数据通信中的关键环节。数据处理层需要具备以下特点。

分布式计算：采用分布式计算框架，如 Hadoop、Spark 等，以实现对大规模数据的并行处理。

实时处理：对于实时数据，采用流处理技术，确保数据能够在接收到的同时进行实时处理和分析。

机器学习与人工智能：集成机器学习和人工智能技术，通过对数据的深度学习和分析，提取更有价值的信息。

4. 数据分析与可视化层

数据分析与可视化是将庞大的数据转化为有意义的信息的关键步

骤。数据分析与可视化层需要具备以下特点。

多维分析：提供多维度的数据分析，以满足不同层次和角度的需求。

实时监控：提供实时监控和报警功能，确保用户能够迅速发现数据异常和问题。

可视化工具：集成可视化工具，使用户能够通过图表、图形等方式直观地理解数据。

（三）大数据通信架构设计的技术挑战

1. 数据一致性

在分布式环境下，数据的一致性是一个复杂而关键的问题。确保不同节点的数据是一致的，避免数据冲突和错误，是大数据通信架构设计中需要解决的技术挑战之一。

2. 处理实时数据

实时数据处理要求系统能够在数据产生的同时进行处理和分析，对通信架构的性能和效率提出更高的要求。需要采用流处理技术，优化系统的实时数据处理能力。

3. 安全性与隐私保护

由于大数据通信涉及的数据往往是敏感的，确保数据的安全性和隐私保护是一个巨大的挑战。通信架构设计需要采用强大的安全措施，包括加密、身份认证、访问控制等。

4. 可扩展性

随着大数据规模的不断增加，通信架构需要具备良好的可扩展性。这包括水平扩展和垂直扩展。水平扩展通过增加更多的节点来处理增长的数据量，而垂直扩展则通过提高单个节点的性能来适应更大的工作负载。保障系统的可扩展性可以使通信架构更好地适应未来业务的增长和变化。

5. 多样化的数据类型

大数据通信涉及到多样化的数据类型，包括结构化数据、半结构化数据和非结构化数据。通信架构需要能够处理和存储这些不同类型的数据，并支持多样化的数据分析方法。

6. 硬件资源优化

大数据通信系统的高性能需要充分优化硬件资源的利用。这包括合理配置计算节点、存储节点和网络带宽，以确保系统整体性能的提高。

（四）大数据通信架构设计的未来趋势

1. 边缘计算与大数据融合

边缘计算将计算能力推向数据产生的源头，减少数据传输的延迟，提高实时性。未来大数据通信架构设计将更加注重与边缘计算的融合，以满足对实时性和低延迟的需求。

2. 异构数据融合

未来大数据通信系统将更加注重异构数据的融合。不同类型、不同来源的数据将会更加无缝地整合在一起，为更全面的分析提供更多可能性。

3. 深度学习的应用

随着深度学习技术的不断发展，未来大数据通信架构设计将更加注重人工智能与大数据的深度融合。深度学习模型对于处理非结构化数据、图像、语音等方面有着显著优势，将为大数据通信提供更为智能的解决方案。

4. 自动化与自适应性

未来大数据通信架构的方向将更加趋向自动化和自适应性。自动化技术可以减轻人工操作的负担，提高系统的效率。自适应性则使得系统能够更好地适应不同规模、不同特点的数据处理需求。

（五）挑战与解决方案

1. 数据一致性

保障分布式环境下的数据一致性是一个复杂的挑战。解决方案包括采用一致性协议、分布式事务等技术手段，以确保数据在不同节点上的同步和一致性。

2. 安全性与隐私保护

数据的安全性和隐私保护是大数据通信领域的永恒问题。解决方案包括加强加密技术、建立完善的身份认证和访问控制系统，同时制定符合法规的隐私政策。

3. 处理实时数据

实时数据处理需要系统具备高性能和低延迟的特性。解决方案包括采用流处理技术、优化数据传输路径、增加硬件资源等手段，以提高系统对实时数据的处理能力。

4. 可扩展性

可扩展性是面对日益增长的数据规模的重要保障。解决方案包括采用分布式计算和存储技术，合理设计系统架构以支持水平和垂直扩展。

大数据通信架构设计是应对数字时代海量数据传输和处理需求的关键任务。通过构建合理、高效、可扩展的通信系统框架，可以更好地满足数据传输、存储、处理和分析的需求。然而，面对不断增长的数据规模、复杂多样的数据类型，以及对实时性和安全性的要求，大数据通信架构设计仍然面临着一系列的技术挑战。未来，随着边缘计算、深度学习等技术的不断发展，大数据通信架构将更加智能、高效，为各行业的数字化转型提供强有力的支持。

二、数据通信性能优化

在当今数字时代，数据通信是现代社会运转的核心之一。随着信息技术的飞速发展，对数据通信的需求也愈发增加。数据通信性能的优化成为至关重要的任务，因为它直接关系到用户体验、系统效率和资源利用率。本书将探讨数据通信性能优化的概念、关键挑战、优化策略，以及未来趋势。

（一）数据通信性能优化的概念

1. 定义

数据通信性能优化是指通过一系列技术手段和方法，提高数据通信系统的效率、稳定性和响应速度，以更好地满足用户需求，提升系统整体性能。

2. 关键目标

数据通信性能优化的关键目标如下。

高吞吐量：提高数据传输速率，确保系统能够快速、高效地处理大量数据。

低延迟：减少数据传输的时间延迟，确保信息能够迅速到达目的地，提升实时性。

高可用性：保障系统在各种条件下都能够正常运行，减少因故障导致的服务中断。

资源优化：合理利用硬件和软件资源，确保系统在高效运行的同时，不浪费不必要的资源。

（二）数据通信性能优化的关键挑战

1. 带宽限制

带宽是数据通信的瓶颈之一。在一些场景中，带宽受到限制，这可能导致数据传输速度缓慢，影响用户体验。优化策略需要在有限的带宽下实现更高的数据吞吐量。

2. 网络拥塞

网络拥塞可能导致数据包丢失、延迟增加，从而影响通信性能。在高负载情况下，网络优化变得尤为关键，以确保通信的稳定性和高效性。

3. 数据安全性

随着数据泄露和网络攻击的频发，数据安全性是一个不可忽视的挑战。在优化通信性能的同时，必须保障数据的安全，采用加密、身份验证等手段防范潜在威胁。

4. 多样化的数据类型

现代通信涉及多种数据类型，包括文本、图像、音频、视频等。针对这些多样化的数据类型，通信性能优化需要适应不同的处理和传输要求。

5. 移动设备和无线通信

移动设备的广泛使用和无线通信的复杂性增加了通信性能优化的难度。优化策略需要考虑到移动网络的不稳定性和无线信号的传输质量。

（三）数据通信性能优化策略

1. 压缩和编码

采用数据压缩和编码技术可以减小数据的体积，从而降低传输时间和带宽需求。常见的压缩算法包括 Gzip、Brotli 等，而对于图像和视频数据，采用适当的编码（如 JPEG、H.264）也是一种有效的优化手段。

2. 内容分发网络（CDN）优化

CDN 通过在全球分布式的服务器上缓存静态资源，将这些资源分发到离用户更近的地方，从而减少了数据传输的距离和时间。通过使用 CDN 服务，可以提高用户访问网站的速度，减轻源服务器的负担。

3. 数据分块传输

将大文件或数据分成小块进行传输，有助于提高传输的并发性，降低网络拥塞的风险。这种方式可以通过 HTTP 的分块传输编码（Chunked Transfer Encoding）等技术实现。

4. 缓存策略

有效的缓存策略可以减少对服务器的请求次数，降低数据传输的时间延迟。通过在客户端或中间层（如代理服务器）缓存数据，可以快速响应用户的请求。

5. 数据预加载

对于一些用户可能会访问的数据，可以通过预加载提前获取，减少用户请求时的等待时间。这在移动应用和网页设计中是常见的优化手段。

6. 智能路由选择

通过采用智能路由选择算法，可以根据网络状况和服务器负载情况动态选择最优的通信路径，从而提高数据传输的效率。

（四）未来趋势

1. 5G 技术的推广

随着 5G 技术的逐渐推广，网络带宽将大幅度增加，传输速度将得到显著提升。这将对数据通信性能优化提供更多可能性，同时也需要进一步优化以适应更高的网络速度。

2. 边缘计算的发展

边缘计算将计算能力推向数据源头，减少数据传输的距离，从而降低延迟。未来数据通信性能优化将更加注重与边缘计算的融合，以提供更快速、实时的数据传输和处理。

3. 人工智能的应用

人工智能技术在数据通信性能优化中的应用将日益增多。通过机器学习和深度学习算法，系统可以更好地理解和预测用户的行为，从而优化数据传输和响应策略。

4. 异构网络的整合

未来通信环境将更加多元化，包括有线网络、无线网络、物联网等异构网络的整合。数据通信性能优化需要更好地适应这些异构网络，实现平滑、高效的数据传输。

5. 可编程网络的发展

可编程网络（SDN）和网络功能虚拟化（NFV）等技术的发展将使网络更具灵活性和可管理性。通过对网络的软件定义和虚拟化，可以更灵活地调整网络结构，从而优化数据通信性能。

（五）挑战与应对策略

1. 安全性

随着数据通信量的增加，安全性仍然是一个重要的挑战。采用强大的加密技术、安全协议，以及多层次的安全措施是确保通信数据安全的重要手段。

2. 多样化的设备和网络环境

用户使用的设备和网络环境多种多样，这使得数据通信性能优化更具挑战性。应对策略包括采用响应式设计，适应不同设备和网络条件，并借助用户行为分析来进行更精准地优化。

3. 大规模数据处理

随着大数据的应用不断扩大，数据通信性能优化需要面对大规模数据的处理。通过采用分布式计算、流处理等技术，可以更有效地处理和传输大规模数据。

4. 用户隐私保护

随着对用户数据的收集和使用不断增加，用户隐私保护成为一项重要挑战。在进行数据通信性能优化时，必须遵循相关法规和规定，采用隐私保护的技术手段。

数据通信性能优化是在数字时代信息传输中至关重要的一环。通过采用各种优化策略，包括压缩和编码、CDN 优化、数据分块传输、缓存策略等，可以有效提高通信系统的效率和用户体验。然而，随着技术的不断发展和应用场景的不断变化，数据通信性能优化仍然面临着一系列的挑战，包括安全性、多样化的设备和网络环境、大规模数据处理等。未来，随着 5G 技术、边缘计算、人工智能等技术的逐步成熟，数据通信性能优化将迎来更多创新和突破，为数字社会的发展提供更强大的支持。综上所述，数据通信性能优化是一个不断演进的领域，需要综合考虑技术、安全、用户体验等多方面因素，以实现更高效、更可靠的数据传输。

三、数据通信与人工智能

在当今数字化时代，数据通信和人工智能是两个快速发展的领域，它们相互交织、相互促进，共同推动着科技的创新和社会的变革。本书将探讨数据通信与人工智能的关系，它们的相互影响、应用场景，以及未来发展趋势。

（一）数据通信与人工智能的基本概念

1. 数据通信

数据通信是指通过各种手段和技术，在不同设备、系统或者网络之间进行信息传递的过程。这包括了传统的有线通信，如电报、电话，以及现代的无线通信、互联网等。

2. 人工智能

人工智能是一门研究如何使计算机能够模拟、实现人类智能的科学。它涵盖了许多领域，包括机器学习、深度学习、自然语言处理等，旨在使计算机系统能够模仿人类的思维和决策过程。

（二）数据通信与人工智能的相互影响

1. 人工智能在数据通信中的应用

（1）智能网络管理

人工智能技术在网络管理中的应用，使得网络可以更加智能地进行资源分配、故障检测和性能优化。通过机器学习算法，网络能够实时学习和适应网络流量的变化，从而提高网络的效率和可靠性。

（2）智能数据分析

人工智能技术使得大规模数据的分析变得更加智能高效。通过机器学习和数据挖掘，可以从海量数据中发现隐藏的模式、趋势和关联，为数据通信提供更深层次的洞察。

（3）智能安全防护

数据通信中的安全问题是一个重要的考虑因素。人工智能在网络安全方面的应用包括基于行为的入侵检测、恶意软件检测和自适应安全策略的制定，从而更好地保护数据通信的安全性。

2. 数据通信对人工智能的支持

（1）数据采集与训练

人工智能模型的性能往往依赖于大量高质量的数据进行训练。数据通信提供了数据采集的基础，通过传感器、设备等手段，大量的数据被收集、传输并用于训练机器学习模型。

（2）分布式计算与模型推理

许多人工智能任务，尤其是深度学习模型的训练和推理，需要大量的计算资源。数据通信通过提供分布式计算平台，使得大规模的计算能够更加高效地完成，从而支持人工智能的发展。

（3）实时数据处理

对于一些需要实时决策和反馈的人工智能应用，实时的数据通信是必不可少的。数据通信的低延迟和高吞吐量支持了诸如自动驾驶、智能物联网等实时应用的实现。

（4）云计算与 AI 服务

云计算平台为人工智能提供了强大的计算和存储资源，使得人工智能服务能够通过网络进行提供。通过数据通信，用户可以使用云端的人工智能服务，如语音识别、图像识别等。

3. 挑战与应对策略

（1）大规模数据处理与隐私保护

随着数据通信和人工智能的发展，大规模数据的处理将成为一项挑战。同时，随之而来的是对用户隐私的更为敏感的关注。解决方案包括采用更高效的数据处理算法、数据隐私保护技术，以及制定相关的法规和政策。

（2）安全性与防御性措施

在数据通信中，安全性一直是一个重要的问题，尤其在涉及人工智能应用时。建立健全的安全防御体系，包括入侵检测系统、加密通信等，是确保数据通信和人工智能应用安全性的重要手段。

（3）云端计算与边缘计算的平衡

数据通信和人工智能应用通常涉及云端计算和边缘计算的平衡。云端计算提供了强大的计算和存储能力，但也可能面临延迟较高的问题。边缘计算则将计算能力推向数据产生的源头，减少了传输延迟，但资源有限。解决方案包括在云端和边缘之间找到平衡点，结合两者的优势，实现更智能和实时的应用。

（4）人工智能算法的复杂性

现代人工智能算法，尤其是深度学习算法，通常需要大量的计算资源。对于移动设备等资源受限的环境，这可能成为一个挑战。解决方案包括模型压缩、轻量级算法的设计，以及将部分计算任务卸载到云端进行处理。

（三）数据通信与人工智能的应用场景

1. 智能物联网

物联网通过传感器和设备收集大量的数据，而人工智能可以对这些数据进行实时地分析和处理，实现智能的决策和反馈。这被应用于智能家居、智能城市等场景，提升生活品质和城市管理效率。

2. 无人驾驶

无人驾驶车辆需要通过数据通信获取实时的路况信息，同时需要人工智能进行感知、决策和控制。这是一个集成了大规模数据通信和人工智能技术的复杂系统。

3. 语音识别和自然语言处理

语音识别和自然语言处理是人工智能领域的典型应用，需要大量的数据进行训练和优化。同时，实时的语音通信和对话系统也需要高效的数据通信支持。

4. 人脸识别和图像处理

人脸识别和图像处理在安防、人机交互等领域有广泛应用。这涉及大规模图像数据的传输和存储，以及人工智能算法的高效处理。

5. 医疗健康

在医疗健康领域，数据通信和人工智能相结合，可以实现远程医疗、医疗图像诊断、个性化治疗等。这些应用可以提高医疗服务的效率和质量。

（四）未来趋势

1. 边缘人工智能

未来，边缘人工智能将成为一个重要的发展方向。通过将人工智能算法部署到边缘设备上，可以在设备端进行实时的数据处理，减少对云端的依赖，降低通信延迟。

2. 强化学习的应用

强化学习是人工智能领域的一个前沿方向，未来将在数据通信中得到更多应用。通过强化学习算法，系统可以根据不断变化的通信环境自主学习和优化策略，提高通信性能。

3. 融合计算和通信技术的创新

未来将看到计算和通信技术更深层次的融合。新的通信协议和技术将更好地支持人工智能应用的需求，而人工智能算法也将更好地优化和管理通信网络。

4. 量子通信与安全通信

量子通信作为新一代通信技术，具有超高的安全性。未来，量子通信与人工智能的结合将推动通信安全性的提升，为敏感数据的传输提供更为可靠的保护。

5. 自适应网络与自组网

未来的网络将更加自适应和自组织，通过人工智能算法实现对网络拓扑结构、传输协议等的自动调整。这将使网络更加灵活，能够适应不断变化的通信环境。

6. 智能辅助决策

人工智能将在数据通信中发挥更大的角色，提供智能辅助决策。通过对大量数据的分析和学习，人工智能可以为网络管理、数据传输等方面提供智能化的建议和决策支持。

数据通信与人工智能的融合正在推动科技的不断发展和社会的深刻变革。它们相互促进，数据通信为人工智能提供了数据基础和计算支持，而人工智能则通过智能化算法和决策使数据通信更加高效和智能。未来，随着新一代通信技术的不断推陈出新，以及人工智能算法的不断创新，数据通信与人工智能的融合将带来更多的机遇和挑战。在这个变革的过程中，需要不断强化对数据隐私和安全的保护，制定相关的法规和标准，以确保技术的发展与社会的共同利益相协调。数据通信与人工智能的深度融合将为人类社会带来更多智能、高效、便捷的服务，推动社会迈向数字化、智能化的未来。

第三节　数据伦理与大数据安全

一、数据伦理基础

随着数字化时代的到来，数据成为推动科技创新和社会变革的引擎。然而，数据的广泛收集、存储和分析也带来了一系列的伦理问题。数据伦理是关于在使用和处理数据时涉及的道德原则和价值观的研究领域。本书将探讨数据伦理的基础，包括其定义、重要性、原则以及未来的发展方向。

（一）数据伦理的定义

数据伦理是一门研究关于在处理、分析和应用数据时应遵循的伦理原则和规范的学科。它强调在数据的采集、使用和分享过程中，尊重个体权利、确保数据隐私、防范滥用，以及促进公正和透明。

数据伦理关注的不仅仅是技术层面，更涵盖了社会、法律、文化等多个维度。它的目标是在科技发展的同时保护个体权益，维护社会的公平和正义。

（二）数据伦理的重要性

1. 个体隐私权保护

在数字时代，个人的大量信息被收集和存储，包括但不限于个人偏好、行为习惯、地理位置等。保护个体的隐私权，防止滥用个人数据是数据伦理的一项首要任务。个体应有权决定其数据如何被使用，并有权知道这些数据是如何被收集和处理的。

2. 公正和透明

数据伦理强调在数据处理和决策过程中要保持公正和透明。这涉及确保算法的公正性，避免因数据偏见而导致的不公平对待。同时，数据使用方应向数据所有者明确说明数据的用途，以保证透明度。

3. 防范滥用

数据的滥用可能导致一系列问题，包括信息泄露、身份盗窃、社会工程学攻击等。数据伦理要求在数据的整个生命周期中建立强有力的安全措施，以保护数据不受恶意利用。

4. 社会责任

数据伦理涉及企业和组织的社会责任。在数据的采集和应用中，企业应该考虑其对社会和环境的影响，并采取措施以最大程度地促进社会利益。

（三）数据伦理的基本原则

1. 透明度

透明度是数据伦理的基本原则之一。数据使用方应该清晰地向数据所有者说明数据的收集目的、使用方式，以及可能的风险。透明度有助于建立信任关系，使个体更加自主地决定是否分享其数据。

2. 公正性

公正性要求在数据的采集和应用中避免不公平的偏见。算法和模型的设计应考虑到多样性，确保不会歧视特定群体。这有助于构建一个公正和包容的数据社会。

3. 隐私权保护

隐私权保护是数据伦理的核心。这包括确保在数据处理中遵循适当的隐私保护法律和法规，以及采用技术手段来最大程度地减少数据的风险。

4. 安全性

数据伦理要求在数据处理的各个环节都保持高水平的安全性。这涉及网络安全、数据加密、访问控制等方面的措施，以防范数据泄露和滥用。

5. 责任和问责

数据伦理要求在数据的整个生命周期中,各方都要承担相应的责任。

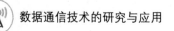

数据使用方应对其处理数据的后果负责，并在需要时为数据所有者提供有效的救济措施。

（四）数据伦理与新兴技术

1. 人工智能

人工智能的广泛应用涉及大量的数据收集和处理。数据伦理在人工智能领域的应用包括确保算法的公正性、透明度，以及防范算法滥用。

2. 区块链

区块链技术被视为一种强调去中心化和安全性的技术，但也涉及大量的数据存储和传输。数据伦理在区块链中的应用包括确保数据的透明性、隐私权保护，以及对区块链参与者的责任和问责。

3. 大数据分析

大数据分析涉及对大规模数据的收集和挖掘。数据伦理要求在大数据分析中要保护个体的隐私，避免不公平的歧视，同时确保数据的透明度和安全性。

4. 云计算

云计算作为一种提供计算和存储服务的模式，涉及大量用户数据。数据伦理在云计算中的应用包括确保云服务提供商采取适当的安全措施，防范数据泄露和滥用。此外，云计算服务商需要对其服务的透明性和责任进行明确。

（五）数据伦理的未来发展方向

1. 国际标准和法规的制定

随着数据的跨境流动越来越普遍，制定国际性的数据伦理标准和法规将成为未来的趋势。这有助于在全球范围内建立统一的数据伦理框架，保障全球数据的安全和隐私。

2. 数据伦理教育和培训

数据伦理的理念和原则需要在更广泛的范围内得到理解和接受。未来的发展方向之一是加强数据伦理教育和培训，使更多的人了解数据伦理的重要性，并能够在实际工作中应用这些原则。

3. 技术创新与伦理框架的融合

随着技术的不断创新，数据伦理框架也需要与之保持同步。未来，将会看到更多的技术创新与数据伦理原则的融合，以确保新兴技术的应用符合伦理规范。

4. 全球合作与治理机制

数据伦理问题往往涉及多个国家和地区。未来，全球范围内的合作和治理机制将更加重要，以应对跨境数据流动所带来的伦理挑战。国际组织、政府和行业将需要共同努力，建立跨境合作的框架。

5. 社会对话和公众参与

在制定和调整数据伦理框架的过程中，公众的参与和意见非常重要。未来的发展将更加强调社会对话，鼓励公众就数据伦理问题发表意见，推动形成更加广泛的共识。

数据伦理作为数字时代的伦理基础，扮演着维护个体权益、保障社会公正、促进科技可持续发展的关键角色。在大数据、人工智能、区块链等新兴技术的推动下，数据伦理的应用变得愈发复杂和重要。

通过确保透明度、保护隐私、维护公正、强调安全，数据伦理提供了一个框架，引导着数据的合理、负责任地使用。在未来，国际社会需要共同努力，通过法规制度、教育培训、技术创新和全球合作等手段，推动数据伦理的不断演进，以适应科技发展和社会需求的不断变化。

数据伦理的基础原则应该贯穿于整个数据生命周期，涵盖数据的收集、存储、分析、应用，以及最终的废弃。只有在数据伦理的指导下，我们才能更好地利用数据的力量，为社会创造更多的价值，同时保障每个个体的权益和尊严。数据伦理的实践需要企业、政府、学术界和公众的共同努力，构建一个和谐、公正、可持续的数字社会。

二、大数据隐私保护

在数字时代，大数据的迅猛发展为各个行业带来了前所未有的机遇和挑战。然而，随着大数据的广泛采集、存储和分析，隐私问题逐渐成为一个备受关注的焦点。本书将探讨大数据隐私保护的重要性、面临的挑战，以及采取的保护措施。

（一）大数据隐私保护的重要性

1. 个体隐私权的尊重

大数据的核心是对大规模数据的收集、分析和利用，其中可能包含大量的个体信息。在这个过程中，个体的隐私权应该得到充分尊重，确保其信息不被滥用、泄露或用于未经授权的目的。

2. 信任建设

大数据的应用需要建立在数据使用者和数据提供者之间的信任基础上。如果用户担心其隐私受到侵犯，可能会抵制数据的共享，从而阻碍了大数据应用的发展。因此，保护隐私是构建信任的关键一环。

3. 法律法规的合规

随着对隐私问题的关注日益增加，各国纷纷制定了相关的隐私法规和法律，要求企业和组织在处理个人数据时遵循一定的规范。大数据隐私保护的重要性还在于确保企业和组织的合规性，避免法律责任。

（二）大数据隐私保护的挑战

1. 数据规模和复杂性

大数据的规模庞大、种类繁多，使得隐私保护变得更为复杂。传统的隐私保护方法在面对大规模、多源头的数据时可能显得力不从心，容易出现疏漏。

2. 数据共享与链接

大数据的应用通常需要不同数据源的共享与链接，以获取更全面的信息。然而，数据共享也带来了横向泄露的风险，即通过对多个数据源的分析来还原出个体的隐私信息。

3. 匿名化和去标识化的挑战

匿名化和去标识化是常见的隐私保护手段，但在大数据背景下，由于多维度的数据关联性，很难确保匿名化后的数据无法被还原成个体身份。

4. 数据处理的分布性

大数据处理通常涉及分布式计算，数据存储和处理可能发生在不同的节点上。这增加了保护数据隐私的难度，需要在分布式环境下设计有效的隐私保护机制。

5. 新兴技术的挑战

新兴技术如机器学习和深度学习在大数据分析中的应用也给隐私保护带来了挑战。这些技术可能通过学习用户行为模式来推断隐私信息，从而加大了隐私泄露的风险。

（三）大数据隐私保护的方法和技术

1. 匿名化和去标识化

尽管在大数据环境下匿名化面临挑战，但它仍然是一种常用的隐私保护手段。匿名化技术包括一般化、抽样、数据脱敏等，目的是削减数据中的敏感信息，防止直接关联到个体。

2. 差分隐私

差分隐私是一种强隐私保护的方法，通过在查询结果中引入噪声来防止对个体隐私的推断。差分隐私能够在一定程度上保护隐私，同时保持数据的可用性。

3. 加密技术

加密技术是一种常见的数据保护手段。对于大数据，同态加密等高级加密技术可以在不暴露原始数据的情况下进行计算。这样可以在保护隐私的同时实现数据的有效利用。

4. 访问控制

在大数据环境下，建立精确的访问控制机制至关重要。只有经过授权的用户才能够访问敏感数据，从而减小数据被滥用的风险。

5. 数据伪装

数据伪装是一种通过引入虚假数据来混淆攻击者的方法。这可以包括向数据库中添加虚假记录或生成虚假的查询响应，从而保护真实数据的隐私。

6. 隐私保护技术的综合应用

在实际应用中，单一的隐私保护技术可能难以解决所有问题。因此，通常需要综合运用多种技术，构建更为全面的隐私保护体系。这需要综合考虑数据的特点、应用场景，以及隐私需求。

（四）面向未来的大数据隐私保护方向

1. 强化差分隐私技术

随着对隐私保护要求的提高，强化差分隐私技术将成为一个研究的重要方向。这包括改进差分隐私的算法、降低添加噪声对数据分析结果的影响等。

2. 联邦学习

联邦学习是一种分布式机器学习的方法，能够在不共享原始数据的情况下完成模型训练。这有助于解决大数据分布式处理中的隐私问题，是一个未来的研究热点。

3. 区块链技术的整合

区块链技术以其去中心化、不可篡改的特性，可以为大数据隐私提供额外的保护。未来，将更多关注区块链与大数据隐私保护的融合应用。

4. 人工智能辅助隐私保护

人工智能技术的发展也可用于加强隐私保护。例如，利用机器学习算法来检测潜在的隐私威胁，实现智能化的隐私保护。

5. 国际合作与标准制定

由于大数据的跨境性，未来需要加强国际合作，共同制定大数据隐私保护的国际标准和规范。这将有助于构建全球范围内的隐私保护框架。

大数据的广泛应用为社会带来了巨大的变革，但随之而来的隐私问题也是不可忽视的。在大数据时代，保护个体隐私权成为了一项紧迫的任务。本书探讨了大数据隐私保护的重要性、面临的挑战，以及采取的方法和技术。

随着技术的不断发展，大数据隐私保护领域也在不断创新。未来，需要更多的跨学科研究和国际合作，共同应对大数据隐私保护的复杂挑战。通过不断改进隐私保护技术、制定更为完善的法规和标准，我们可以在大数据应用的同时保障个体隐私，实现数据的合理、安全、可持续利用。大数据时代，隐私保护不仅是技术问题，更是社会、法律、伦理等多方面共同努力的结果。

三、大数据伦理实践

随着大数据技术的不断发展，我们面临着前所未有的数据规模和处理能力，这为各行各业带来了极大的机遇。然而，随之而来的是对于如何在大数据应用中保护个体隐私、维护公平性、确保安全性等伦理问题的关切。本书将探讨大数据伦理实践，包括其定义、原则、挑战，以及有效应对措施。

（一）大数据伦理的定义

大数据伦理是指在大数据处理和应用过程中，关注个体隐私权、数据安全、公平性等方面的伦理原则和规范。它强调在利用大数据的同时，确保对数据的负责任使用，尊重和保护相关利益方的权益。

大数据伦理不仅涉及技术层面，还关注社会、法律、文化等多个维度。其目标是在大数据时代推动科技创新，同时确保个体隐私不受侵犯，维护社会的公正和透明。

（二）大数据伦理的基本原则

1. 透明度

透明度是大数据伦理的核心原则之一。数据使用方应当清晰地向数据所有者说明数据的收集目的、使用方式，以及可能的风险。透明度有助于建立信任关系，使个体更加自主地决定是否分享其数据。

2. 隐私权保护

隐私权保护是大数据伦理的基石。这包括确保在数据处理中遵循适当的隐私保护法律和法规，以及采取技术手段来最大程度地减少数据的风险。对于敏感数据，应采取更为严格的隐私保护措施。

3. 公正性

公正性要求在数据的采集和应用中避免不公平的偏见。算法和模型的设计应考虑到多样性，确保不会歧视特定群体。这有助于构建一个公正和包容的大数据社会。

4. 安全性

安全性是大数据伦理的关键要素。在数据的整个生命周期中，都需要建立强有力的安全措施，包括网络安全、数据加密、访问控制等，以防范数据泄露和滥用。

5. 责任和问责

大数据伦理强调在数据的处理过程中，各方都应当承担相应的责任。数据使用方应对其处理数据的后果负责，并在需要时为数据所有者提供有效的救济措施。

（三）大数据伦理实践的挑战

1. 数据规模和复杂性

大数据的规模和复杂性是实践中的一大挑战。传统的伦理原则和技术手段在面对大规模、多源头的数据时可能显得力不从心，容易出现疏漏。

2. 数据隐私与共享的平衡

在大数据应用中，数据的共享是推动创新的关键因素。然而，随之而来的问题是如何在数据共享和隐私保护之间取得平衡。一方面，共享数据促进了合作和创新；另一方面，需要确保隐私不被滥用。

3. 数据所有权和控制权

大数据环境下，数据的所有权和控制权可能变得模糊不清。个体对于自己数据的掌控程度下降，这可能导致数据被滥用。

4. 技术与伦理的融合

随着技术的飞速发展，新兴技术的应用给伦理原则的实践带来了挑战。比如，在人工智能和机器学习的支持下，算法决策可能缺乏可解释性，难以满足公正和透明的伦理要求。

5. 国际合作和法律法规的不足

大数据的跨境性带来了国际合作和法律法规方面的挑战。不同国家和地区可能有不同的法规和法律标准，导致在全球范围内统一大数据伦理实践的困难。

（四）大数据伦理实践的有效应对措施

1. 强化透明度

透明度是建立信任的关键，因此数据使用方应强化透明度，明确向数据所有者说明数据的收集和使用方式。提供清晰的隐私政策和使用协议，并定期向用户通报数据的处理情况，有助于建立信任关系。

2. 加强隐私保护技术

在大数据处理中，采用强化的隐私保护技术是必不可少的。差分隐私等先进的技术可以有效减小隐私泄露的风险。此外，采用数据脱敏、加密等手段，保障敏感信息的安全。

3. 强调数据使用的目的和合法性

数据使用方应当强调数据的合法性和使用的具体目的。确保所收集的数据仅用于明确的目标，防止数据被滥用。明确告知数据所有者关于数据使用的具体情况，并经过其明示同意。

4. 强调个体权益

伦理实践中，强调尊重个体权益是至关重要的。这包括确保个体对其个人数据拥有一定的控制权，包括了解如何使用、修改和删除数据。通过强调个体权益，可以在合法合规的前提下使用数据。

5. 制定全球性标准和指南

为了解决国际合作和法律法规不足的问题，制定全球性的大数据伦理标准和指南是关键之举。这需要国际组织、政府、企业和学术界的共同努力，形成全球统一的伦理框架，确保大数据伦理实践得到一致认可。

6. 强化伦理教育与文化建设

在大数据应用的过程中，加强伦理教育与文化建设也是非常重要的。通过培养人们对伦理问题的敏感性，增强他们的伦理意识，能够更好地遵循伦理原则，降低滥用数据的风险。

（五）大数据伦理实践的未来展望

1. 强调人本主义

未来的大数据伦理实践将更加强调人本主义。这意味着在所有的数据处理和应用中，个体的权益和福祉将被置于首要位置。不仅要尊重隐私，还要注重社会的公正、平等和人权。

2. 推动技术与伦理的协同发展

技术与伦理的协同发展将成为未来的趋势。随着技术的不断创新，伦理框架也需要随之演进。通过技术的创新，更好地解决伦理实践中的难题，推动伦理和技术的共同发展。

3. 强化国际合作

大数据伦理实践需要全球范围内的合作。国际组织、政府、企业和学术界需要共同制定国际性的伦理标准和规范，共同应对大数据应用中的伦理问题。

4. 强调多方参与

未来的大数据伦理实践需要强调多方参与，包括政府、企业、学术界、社会组织等各方。在伦理决策过程中，需要各利益相关方共同参与，以确保伦理实践更加全面、公正、包容。

5. 发展自我监管机制

随着大数据应用的不断扩展，未来将需要建立更为健全的自我监管机制。这包括企业和组织自身建立合规性和伦理审查机制，确保其数据处理活动符合伦理规范。

6. 强调数据伦理与可持续发展的关联

大数据伦理与可持续发展之间存在着内在的关联。在未来的实践中，将更加强调大数据应用的可持续性，即在保护隐私的前提下，最大限度地推动社会、经济和环境的可持续发展。

大数据伦理实践是当前数字时代不可忽视的议题。在大数据的背后，伴随着巨大的潜力和风险，保护个体隐私、维护公平性、确保安全性等伦理问题凸显出来。

在未来，大数据伦理实践需要更加强调人本主义、推动技术与伦理的协同发展、强化国际合作、强调多方参与、发展自我监管机制，并与可持续发展理念相关联。通过这些努力，我们可以更好地引导大数据的发展方向，确保其应用符合伦理规范，造福社会，推动科技和人类社会的可持续发展。大数据伦理实践不仅仅是一项技术问题，更是一个需要全球共同关注和解决的社会伦理问题。

参考文献

［1］杨槐. 无线数据通信技术基础［M］. 西安：西安电子科技大学出版社，2016.

［2］吕其恒，舒雪姣，徐志斌. 数据通信技术［M］. 北京：中国铁道出版社，2020.

［3］郝记生. 嵌入式系统中无线通信技术的应用研究基于 GPRS 网络的无线数据传输系统［M］. 江南大学出版社，2008.

［4］郭慧. 通信技术与应用研究［M］. 成都：电子科技大学出版社，2019.

［5］任国春. 短波通信原理与技术［M］. 北京：机械工业出版社，2020.

［6］姚树春，周连生，张强，等. 大数据技术与应用［M］. 成都：西南交通大学出版社，2018.

［7］吴乃星，张瑞，汤长猛，等. 基于移动通信大数据的城市计算［M］. 武汉：华中科技大学出版社，2020.

［8］许高山. 现代移动通信技术［M］. 北京：中国铁道出版社，2020.

［9］任国春. 现代短波通信［M］. 北京：机械工业出版社，2020.

［10］卢麟. 光通信系统与网络［M］. 北京：国防工业出版社，2020.

［11］张洪太，王敏，崔万照. 卫星通信技术［M］. 北京：北京理工大学出版社，2018.

［12］王璞. 面向未来的交通出版工程交通大数据系列 基于移动通信数据的居民空间行为分析技术［M］. 上海：同济大学出版社，2022.

［13］赵尚弘. 航空光通信与网络技术［M］. 上海：上海科学技术出版社，2020.

［14］谭庆贵. 卫星相干光通信原理与技术［M］. 北京：北京理工大学出版社，2019.

［15］陈旗. 通信对抗原理［M］. 西安：西安电子科学技术大学出版社，2021.

［16］王洪雁，裴炳南. 移动通信关键技术研究［M］. 长春：吉林大学出版社，2017.

［17］倪秀辉. JANUS 水声通信协议及应用［M］. 北京：海洋出版社，2018.

［18］陈鹏. 5G 移动通信网络［M］. 北京：机械工业出版社，2020.